ARCHITETTURA E MACROBIOTICA IN TAILANDIA

SILVIA OMBELLINI - SIMONE RICCARDI - SERGIO RICCI

ARCHITETTURA E MACROBIOTICA IN TAILANDIA

Antropologia dello spazio e applicazione delle teorie della macrobiotica pianesiana
al progetto di una clinica macrobiotica nel nord-est della Tailandia

www.lulu.com

Bluescreenstudio
Via XX Settembre n.32 - 43100 Parma
www.bluescreens.it   tel. 0521504099

ISBN 978-1-4092-3864-5

I Edizione: 2009

A questa edizione ha collaborato Arch. Andrea Cantini

RINGRAZIAMENTI

Il lavoro che segue è la sintesi di una ricerca che si propone di far convergere culture e conoscenze molto distanti tra loro nel tempo e nello spazio, e rappresenta il tentativo di dare corpo, nel campo della progettazione architettonica, all'infaticabile opera di Mario Pianesi, fondatore e Presidente dell'Associazione Internazionale "Un Punto Macrobiotico".

A lui i nostri primi, doverosi e più sentiti ringraziamenti e la nostra stima ed ammirazione per la sua attività di studioso e di divulgatore di conoscenze che, in un'epoca di grandi incertezze, stanno dimostrandosi essenziali.

Alla Prof.ssa Maria Gabriella Pinagli il merito di averci introdotto ad un'attività sincronica di analisi/progetto, stimolandoci alla considerazione dell'uomo e del suo rapporto con il contesto culturale, ambientale, economico e sociale quale elemento centrale del nostro lavoro, non più semplice "fruitore", ma vero protagonista del progetto.

L'Arch. Roberto Mancini ci ha trasmesso gli insegnamenti pianesiani, le specificità della Macrobiotica e introdotto ai concetti di sostenibilità, all'importanza di un reale rispetto di aria, acqua, terra, vegetali, animali e di tutti gli Esseri Viventi.

Un contributo particolarmente importante è venuto da parte dell'Arch. Stefano Mirti e dall'Arch. Ratchaporn Choochuey docente alla Chulagakorn University di Bangkog, nell'approfondire e nel mettere in discussione le problematiche progettuali in relazione alla situazione culturale e architettonica tailandese.

Un ringraziamento alle autorità del Ministero della Sanità del Regno di Tailandia, al Dr. Jakkriss Bhumisawasdi, al Dr. Opas Vanna, la Sig.na Navanun Kittawee, che ci hanno cortesemente ospitato e guidato nella nostra visita in Tailandia e a Prapromvachirayan, per il suo apporto alla conoscenza della spiritualità e del simbolismo della cultura Thai.

Un abbraccio ideale a tutte quelle persone della Provincia di Ubon Ratchatani che, nella loro semplice operosità e amorevole comunicazione, ci hanno saputo trasmettere i valori della reale tradizione tailandese, scevri dalla contaminazione di un pensiero omogeneizzato ed omogeneizzante che anche in Tailandia mostra ampiamente i suoi nefasti effetti.

Grazie a tutti loro e ai tanti altri che, con modalità ed apporti diversi, hanno reso possibile questo tentativo di compenetrazione di conoscenze diverse, che, pur nella sua manifesta incompletezza, vuole rappresentare il nostro primo contributo verso una reale conoscenza, rispettosa delle culture altre, che ha lasciato in noi una traccia profonda:

un'avventura;
una maggiore consapevolezza;
un'immensità di
suoni, colori, forme, aromi, odori,
che sono ora parte di noi.

INDICE

LE PREMESSE AL PROGETTO

La Committenza

L'opportunità di questo lavoro trae origine dall'attività di collaborazione tra Mario Pianesi[1], presidente dell'Associazione Internazionale Un Punto Macrobiotico e il Ministero della Sanità del Regno di Tailandia che ha portato, nel corso dell'anno 2001, ad una sperimentazione su 50 pazienti affetti da diabete mellito tipo 2, che nel corso dei 3 mesi di monitoraggio previsti dal protocollo di studio, hanno potuto abbandonare, nel 100% dei casi, ogni presidio farmacologico e controllare i propri livelli glicemici esclusivamente grazie ad un'alimentazione equilibrata secondo i principi della macrobiotica pianesiana[2].

Il successo di tale studio sperimentale ha condotto alla richiesta, da parte dell'Ufficio del Segretario Permanente al Ministero della Sanità, della realizzazione di una struttura permanente che potesse costituirsi quale Centro di Ricerca per la Macrobiotica in Tailandia, con la specifica che "*la Casa di Cura sia costruita sin dalle fondamenta secondo le indicazioni della Macrobiotica pianesiana, a cui si ispireranno tutti i sistemi di cura*" [3], ovvero che i principi di progettazione, realizzazione e gestione della stessa siano basati sugli studi e gli originali sviluppi operati da Mario Pianesi sulle antiche teorie cinesi.

Nell'approccio progettuale, sarà necessario considerare i seguenti fattori derivanti dalle richieste della committenza:

- ∞ l'area nella quale sarà localizzato il progetto, su precisa indicazione delle autorità tailandesi, è situata nel Nord-Est del paese, nella provincia di Ubon Ratchatani. L'individuazione del sito è dovuta non tanto a valutazioni di merito quanto alla volontà del Principe del Regno di Tailandia, proprietario dei terreni, di mettere a disposizione ai fini premessi una consistente area nei pressi del villaggio di Ban Yang Noi, circa 30 km a Nord-Ovest del centro urbano di Ubon;

- ∞ le finalità del Centro, ed espressamente il trattamento preventivo e terapeutico attraverso regimi alimentari macrobiotici, richiedono la realizzazione di un sistema produttivo che, prevedendo specifiche produzioni agricole e artigianali che possano sia garantire

---

[1] Mario Pianesi, pioniere della Macrobiotica italiana, è uno dei massimi esperti, a livello mondiale, di Macrobiotica. Un Punto Macrobiotico, l'Associazione da lui fondata nel 1980, di cui oggi è Presidente, è un'organizzazione internazionale che, promuovendo stili di vita ed alimentari salutari, collabora con importanti istituzioni scientifiche ed istituzionali di diversi paesi, fra cui: Ministero delle Politiche Agricole e Forestali della Repubblica Italiana; Ministero della Sanità del Regno di Tailandia; Ministero della Sanità della Repubblica Autonoma di Crimea; Ministero della Salute Pubblica della Repubblica di Cuba; Università La Sapienza, Roma; Università Latinoamericana di Medicina, L'Havana; Università El Manar, Tunisi; Università di Cocody, Abidjan; Università Medica di Stato della Crimea, Simferopoli; Accademia Nazionale per la Medicina Tradizionale Cinese, Pechino; Istituto Italiano Tumori, Milano; Istituto Italiano per conservazione del Germoplasma, CNR, Bari; Istituto Nazionale di Ricerca per gli Alimenti e la Nutrizione, Roma; Dipartimento per lo sviluppo delle Medicine Alternative, Bangkok; Istituto Finlay, Cuba.
Con i Convegni "*Macrobiotica e Scienza*", sul tema "*Cibo, Ambiente, Salute*", ha stimolato il lavoro di autorevoli esponenti del mondo scientifico internazionale, facendo convergere apporti provenienti dalle diverse branche della conoscenza scientifica contemporanea su tematiche di rilevanza sociale, ambientale e sanitaria. Cfr. Ehouman Gnigoli, *Il mio incontro con Mario Pianesi*, Macerata 2001
[2] Cfr. Vanna Opas, *Esperienza positiva con la Macrobiotica nella cura dei diabetici*, sta in: 6° Convegno Macrobiotica e Scienza, Macerata 2001, pp. 47-50
[3] Wiriyakitjar Winaj, Bhumisawasdi Jakkriss, *Esperienze positive e progetti futuri*, sta in: 7° Convegno Macrobiotica e Scienza, Macerata 2002, p. 19

l'approvvigionamento del Centro stesso, sia porsi come punto di riferimento nel più ampio progetto di valorizzazione delle produzioni naturali (produzioni alimentari, di tessuti naturali, calzature, etc.). Particolare rilevanza dovrà essere posta alla ricerca, moltiplicazione e conservazione del germoplasma autoctono tailandese, con specifico riferimento alla risicoltura;

- in ogni fase della vita del Centro dovranno essere seguite le indicazioni discendenti dalle originali applicazioni pianesiane alle antiche teorie cinesi (con particolare riferimento alle teorie dello Yin e Yang e delle 5 Trasformazioni) applicando le stesse, per la prima volta, anche al progetto architettonico e, parallelamente, tenere conto delle architetture tradizionali Thai, compiendo i primi passi per la ricostituzione di un'identità architettonica che, soprattutto nelle realtà urbane, è ormai pressoché completamente vanificata. In tal senso, diventa ineludibile una ricerca volta, da un lato, alla costituzione di una piattaforma di conoscenze relative alle suddette teorie, affatto estranee al panorama conoscitivo europeo ed occidentale contemporaneo, al fine di poter raccogliere e sistematizzare ogni utile applicazione progettuale, dall'altro a rintracciare le permanenze della tradizione intorno all'organizzazione dello spazio nei tessuti residenziali, dell'abitazione, dei luoghi di culto, di lavoro, etc;

- il progetto dovrà essere inserito nel massimo rispetto ed in armonia con gli equilibri ambientali. Gli spazi saranno concepiti tenendo in considerazione le particolarità geografiche e climatiche del luogo (in particolare le alte temperature medie annuali e l'elevato tasso di umidità relativa, i monsoni, etc.), utilizzando materiali naturali e tecnologie che possano garantire sia la massima attenzione alla salubrità degli edifici (in termini di emissioni, magnetismo, etc.) per chi dovrà permanervi e per tutte le persone coinvolte nel ciclo produttivo, sia la minimizzazione dei prelievi di risorse non rinnovabili e l'ottimizzazione di quelli di risorse rinnovabili (per le quali, anche attraverso la manutenzione programmata, possa garantirsi la ricostituzione delle stesse in tempi inferiori a quelli di utilizzo) nonché l'abbattimento di emissioni nocive in ogni fase del ciclo di vita.

La Macrobiotica

Nell'antico oriente, e nell'oriente tradizionale, filosofia e scienza sono due aspetti di una stessa forma di conoscenza.

In tal senso, la definizione di Macrobiotica deve essere inquadrata all'interno del pensiero monista orientale, che unifica le conoscenze fisiche, scientifiche, legate al mondo materiale con quelle metafisiche, spirituali, legate al mondo trascendente in un *unicum* conoscitivo.

Le sue origini risalgono all'antica Cina, a quando FUJI, circa 5000 anni fa, scoperse la teoria dello Yin e Yang e a quando, circa 3000 anni fa, iniziò ad esistere la Teoria delle 5 Trasformazioni ad opera degli antichi saggi cinesi.

Dopo il secondo conflitto mondiale queste conoscenze approdarono in Europa ad opera di un Maestro giapponese, Georges Ohsawa (Nyoiti Sakurasawa) cui si deve, tra l'altro, l'introduzione in Europa e nel mondo occidentale della teoria e della pratica dell'agopuntura.

In Italia, pioniere della Macrobiotica è Mario Pianesi, che, dopo aver sperimentato su se stesso l'efficacia dell'alimentazione Macrobiotica, fonda, nel 1980, l'Associazione Un Punto Macrobiotico, approfondendo e sviluppando in maniera originale le antiche teorie cinesi, proseguendo idealmente l'opera di Ohsawa e portando alla convergenza, attraverso i Convegni "Macrobiotica e Scienza", del sapere antico orientale con le conoscenze della scienza occidentale contemporanea.

Il concetto di Macrobiotica deve quindi essere associato, *in primis*, ad una forma di conoscenza, ad una scienza, avulsa dal sistema conoscitivo identificabile nelle attuali società del cosiddetto primo mondo, che trova le sue basi, dal punto di vista filosofico, nel pensiero greco.

I paradigmi[4] del pensiero monista, unificante antico-orientale sono sostanzialmente quelli legati a polarità di attrazione/repulsione dando luogo, attraverso modalità deduttive e per sovrapposizione dinamica di effetti, attraverso, considerando sempre ed in ogni forma di valutazione, il tutto non limitato all'insieme delle componenti, ma anche e soprattutto alle loro relazioni ed interazioni.

"*Le cose si comportano in particolari modi non necessariamente per via di azioni o impulsi precedenti di altre cose, ma perché la loro posizione nell'universo ciclico in costante movimento è tale da dotarle di una natura intrinseca che rende inevitabile quel dato comportamento... Sono così parti che dipendono esistenzialmente dalla totalità dell'organismo del mondo. E agiscono l'una sull'altra non tanto per impulso meccanico o per interazione causale, ma piuttosto per una sorta di misteriosa risonanza.*"[5]

In tal senso, le teorie che originano la Macrobiotica sono suscettibili di applicazioni in ogni campo dello scibile umano, non ultimo quello della progettazione architettonica.

---

[4] *Paradigmi* qui intesi, in senso khuniano, quali principi fondamentali di associazione/esclusione che guidano ogni pensiero ed ogni teoria

[5] Needham Joseph, *Science and Civilization in China*, vol.2, Cambridge 1956, p. 281, trad. *ad hoc*

La Teoria dello Yin e dello Yang

La teoria dello Yin e Yang nasce dalla ricerca delle leggi che regolano l'Universo.

Contempla l'attrazione/repulsione tra elementi opposti e complemetari quale elemento dinamico che dà luogo a tutti i fenomeni esistenti, i cui principi e teoremi ispiratori sono stati così riportati da Georges Ohsawa[6]:

L'ORDINE DELL'UNIVERSO TRADOTTO
IN SETTE PRINCIPI DINAMICI E LOGICI

1°   Tutto ciò che ha un inizio ha una fine.

2°   Tutto ciò che ha una faccia ha un dorso.

3°   Non vi è nulla di identico.

4°   Più grande è la faccia, più grande è il dorso.

5°   Ogni antagonismo è complementare.

6°   Yin e Yang sono le classificazioni di ogni polarizzazione.
        Essi sono antagonisti e complementari

7°   Yin e Yang sono le due braccia dell'UNO (Infinito).

IL PRINCIPIO UNICO TRADOTTO
IN DODICI TEOREMI DOMINANTI IL MONDO FISICO

1°   Yin e Yang sono due poli che entrano in gioco quando l'espansione infinita
        si manifesta al punto di biforcazione

2°   Yin e Yang sono prodotti continuamente dall'Espansione trascendente.

3°   Yin è centrifugo, Yang è centripeto. Yin eYang producono l'energia.

4°   Yin attira Yang e Yang attira Yin.

5°   Yin e Yang combinati in proporzione variabile producono tutti i fenomeni.

6°   Tutti i fenomeni sono effimeri, sono delle costituzioni infinitamente complesse e
        costantemente mutevoli dei componenti Yin e Yang.
        Ogni cosa è senza riposo.

7°   Niente è totalmente Yin, né totalmente Yang, anche nel fenomeno più semplice
        apparentemente. Ogni cosa contiene la polarità a tutti i piani della sua composizione.

8°   Niente è neutro. Yin o Yang è in eccesso in ogni caso.

9°   La forza di attrazione è proporzionale alla differenza dei componenti Yin e Yang.

10°   Yin respinge Yin e Yang respinge Yang. La repulsione o l'attrazione è inversamente
        proporzionale alla differenza delle forze Yin e Yang.

11°   Con il tempo e lo spazio Yin produce Yang, e Yang produce Yin.

12°   Ogni corpo fisico è Yang nel suo centro e Yin in superficie.

---

[6] Cfr.Ohsawa Georges, *L'Ère Atomique et la Philosophie d'Extrême-Orient*, Ed. Vrin, Paris 1962, pp.53-54 e 56-57, Trad. *ad hoc*

Sostanzialmente, la classificazione Yin-Yang suddivide l'intera sfera dei fenomeni fisici in due polarità opposte e complementari: buio/luce, freddo/caldo, espansione/contrazione, etc. regolate dalle leggi sopra elencate che, come si intende immediatamente, non rispettano i principi della logica scientifica, ma si propongono come un universo cognitivo affatto differente[7].

Riportiamo, di seguito, una semplice classificazione primaria selezionando le voci dalle quali poter estrapolare elementi utili all'approccio progettuale[8]:

YIN	YANG
SPAZIO	TEMPO
DILATAZIONE	CONTRAZIONE
LEGGEREZZA	PESANTEZZA
BUIO	LUCE
FREDDO	CALDO
SILENZIO	RUMORE
NORD	SUD
INVERNO	ESTATE
NOTTE	GIORNO
PAUSA	ATTIVITA'
RILASSAMENTO	TENSIONE
MORBIDO	DURO
PERIFERIA	CENTRO
SINISTRA	DESTRA
ALTO	BASSO
ESTERNO	INTERNO

Lo scopo finale della classificazione è quindi essere quello di individuare il terzo elemento, intermedio ai due evidenziati, che rappresenta l'ideale punto di equilibrio.

Nella concezione ciclica dei fenomeni, il passaggio dalle estremità all'intermedio può avvenire in due differenti fasi: dallo Yin allo Yang ovvero dallo Yang allo Yin (es. dalla luce al buio = tramonto; dal buio alla luce = alba).

In questo modo, si vengono a creare quattro polarità, a due a due antagoniste e complementari (come, ad esempio, le stagioni), dove gli estremi, che prima venivano indicati con Yin e Yang, potranno assumere le denominazioni Grande Yin e Grande Yang, per differenziarli dagli stadi di passaggio intermedio dallo Yin allo Yang e dallo Yang allo Yin, che saranno denominati,

---

[7] La Teoria dello Yin Yang è la base principale della conoscenza sapienzale cinese.. Tra testi scritti ancora esistenti, il più conosciuto è senz'altro l'I Ching. Fra le differenti versioni: Cfr. Centro Studi Eranos (a cura di) *I Ching, il libro della versatilità*, RED Edizioni, Como 1996 e Wilhelm Richard (a cura di), *I Ching or Book of Changes*, Routledge e Kegan Paul, London, tr. it. *I King*, Astrolabio, Roma 1948.

[8] Cfr. Pianesi Mario, *Un invito alla Macrobiotica*, Ed. L'Chi, Macerata 1999, p. 22 e Pianesi Mario, *Un Manuale di Alimentazione*, Ed. L'Chi, Macerata 2003, p. 124

rispettivamente, Piccolo Yang e Piccolo Yin[9].

Nella costante ricerca dell'equilibrio, dove il precedente punto di equilibrio assume ora una polarità propria (concordando con quanto enunciato dall' ottavo dei teoremi sopra esposti), diventa quindi necessario individuare un nuovo punto Intermedio, che si costituirà come quinto elemento.

Avremo così la sequenza[10]:

      △ GRANDE YANG

      △ PICCOLO YANG

      ☯ INTERMEDIO

      ▽ PICCOLO YIN

      ▽ GRANDE YIN

La Teoria delle 5 Trasformazioni

Nei testi originali[11], tale sequenza ci perviene direttamente con il nome di Teoria delle 5 Trasformazioni.

Ad ogni elemento viene associato, innanzitutto, un elemento fisico: acqua, legno, fuoco, terra, metallo, che vengono disposti secondo una precisa collocazione spazio-temporale, che ne determina le relazioni interattive.

In estrema sintesi, tutti i fenomeni fisici dell'universo vengono suddivisi non più in due (tre con l'intermedio) classi, ma in cinque.

Così gli organi del corpo, le direzioni cardinali, etc.

Anche in questo caso, eludendo ogni altra considerazione in questa sede, sarà necessario evidenziare quali elementi ed in quali relazioni potranno essere utili guide nell'approccio progettuale.

Gli elementi vengono collocati secondo due differenti posizionamenti: una disposizione spaziale che rispetta gli equilibri Yin-Yang degli elementi ed una che ne evidenzia le interrelazioni nel meccanismo del "Toglie e dà, inibisce ed è inibito".[12]

---

[9] Cfr. Pianesi Mario, *Un invito...*, Op. cit., p. 22

[10] *Ibidem*. Per le relazioni tra le diverse polarità, cfr. Mario Pianesi *et al.*, *5° Convegno Macrobiotica e Scienza*, Chi Ni, Macerata 2000, p. 13

[11] Delle numerose opere esistenti, sono pervenute sino a noi solamente l'I Ching, il NeiJing e il Tao Te Ching, disponibili in diverse traduzioni. Cfr. Centro Studi Eranos (a cura di), *I Ching*, op. cit.; Wilhelm Richard (a cura di), *I Ching...*, op. cit.; Rochat de laVallée Elisabeth e Larre Claude, *Suwen les 11 premiers traités*, Institut Ricci, Paris 1993, tr. it. *Suwen le domande semplici dell'Imperatore Giallo*, Jaca Book, Milano 1994; Teardo Angelo Giorgio (a cura di), *Tao il libro della via e della virtù*, Stampalternativa, Terni 1998; Tomassini Fausto (a cura di), *TaoTê Ching*, Editori Associati, Milano 1994

[12] Cfr. Whilelm Richard (a cura di) , *I Ching ...*, op. cit, pp. 172-173; Rochat de laVallée Elisabeth e Larre Claude (a cura di), *Suwen ...*, Op. cit., pp. 28, 29, 34, 110, 113, 126, 149, 151, 152, 158, 325; Muramoto Naboru, *Il medico di se stesso*, Feltrinelli, Milano 1975, pp. 32-45; Pianesi Mario, *Un invito ...*, Op. cit., pp. 23, 24, 37, 41.

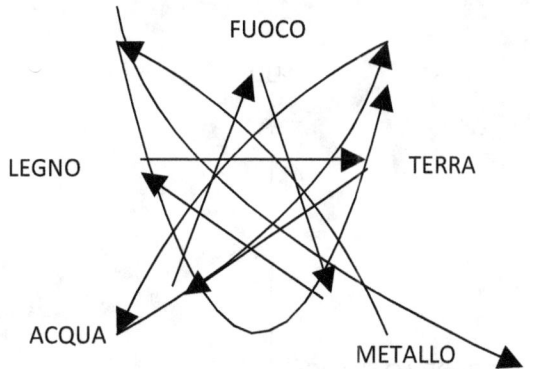

FUOCO
LUCE
SUD
CALDO
ESTATE
PIANURA
ROSSO
VERTICALE

LEGNO	TERRA	METALLO
ALBA	MISTO	TRAMONTO
EST	MISTO	OVEST
TIEPIDO	MISTO	TIEPIDO
PRIMAVERA	MISTO	AUTUNNO
VALLATA	COLLINA	MONTAGNA
VERDE	GIALLO	BIANCO
VERSO ALTO	MISTO	VERSO BASSO

ACQUA
BUIO
NORD
FREDDO
INVERNO
COSTA
NERO
ORIZZONTALE

Una particolare ipotesi teorica sviluppata da Mario Pianesi evidenzia la corrispondenza delle categorie spazio e tempo rispettivamente con gli assi est-ovest e nord-sud, da cui il seguente schema[13]:

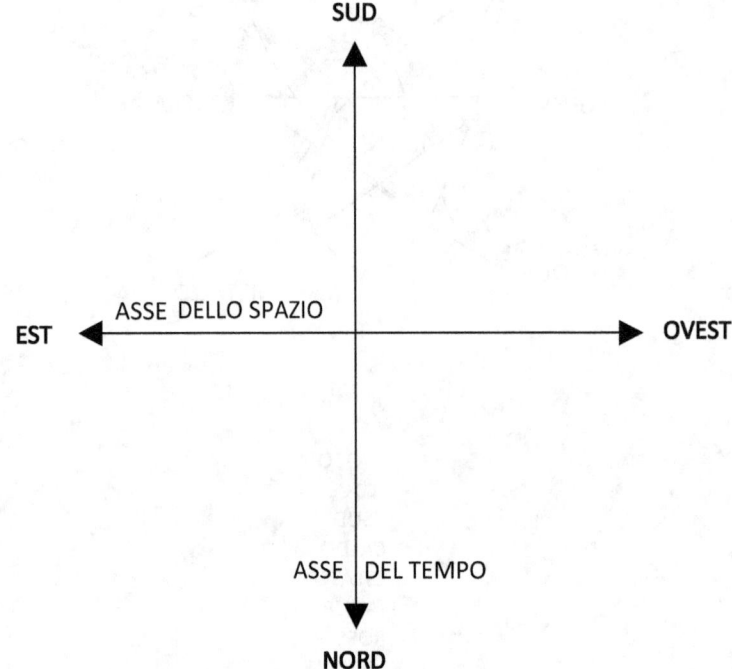

Si possono evincere i seguenti indirizzi generali, che non si pongono come dettami assoluti, ma da relazionale all'ambiente in cui ci si trova ad operare[14]:

ભ la forma originale è la spirale[15];

ભ il centro rappresenta la parte più vitale, più simbolica, la radice;

---

[13] Da una conferenza di Mario Pianesi, Sala della Prefettura di Pesaro, 9/12/2000

[14] Ad esempio, le interrelazioni saranno relative alle fasce geoclimatiche (anch'esse classificabili secondo le 5 Trasformazioni), nonché alla latitudine. Diverse saranno le relazioni di uno spazio che dovrà relazionarsi con un ambiente montano (caratteristiche estremo Yin e legato all'elemento metallo) rispetto a quello che dovrà relazionarsi con un ambiente marino (caratteristiche estremo Yang e legato all'elemento acqua).

[15] Cfr. Ohsawa Georges.

Rispetto alle direzioni cardinali:

- ༀ in generale, così nel corpo umano come negli edifici o nei gruppi di edifici, la parte Nord deve essere più protetta[16], mentre le maggiori aperture dovranno aversi in posizione Sud ed Est.
- ༀ a Nord le attività notturne, quelle più riservate, etc.[17]; le centrali degli impianti elettrico, termico, idrico, etc.[18];
- ༀ ad Est ciò che entra, quindi gli ingressi[19];
- ༀ a Sud gli spazi più vivi ed attivi, come la cucina, la sala da pranzo, eventuali spazi diurni e di soggiorno;
- ༀ ad Ovest ciò che esce (anche, ad esempio, i liquami, gli scarichi, e quindi il posizionamento dei servizi igienici, etc.);
- ༀ al centro e nelle direzioni intermedie (Nord-Est, Est-Sud, Sud-Ovest, Ovest-Nord) gli spazi di collegamento, interrelazione e coordinamento;
- ༀ in generale, le attività seguiranno i percorsi Est-Ovest (come direzione principale geografica) e Nord- Sud (come successione temporale delle attività)[20];
- ༀ in genere, le attività dovranno seguire anch'esse percorsi spiratici.[21]

In generale, il tentativo di applicazione delle antiche teorie orientali in qualsiasi settore e, nello specifico, in ordine all'organizzazione degli spazi, risulta, per propria natura, difficilmente schematizzabile e sintetizzabile, dovendosi adeguare, di volta in volta, alla ricerca dell'equilibrio rispetto al contesto ambientale, sociale, culturale, economico, etc. per cui, in una condizione Yin (o Yang), si dovranno cercare soluzioni Yang (o Yin), e viceversa[22].

---

[16] Il Nord corrisponde al buio, al mistero, alle forze occulte (anche negative), per cui, in generale, la disposizione degli spazi dovrà essere tale da proteggersi verso Nord (passato) ed aprirsi verso Sud (futuro). Per quanto riguarda il corpo umano, si può far corrispondere il Nord con le spalle, la schiena, la parte posteriore e, in posizione orizzontale, con la testa. La posizione del letto, ad esempio, dovrà seguire l'asse Nord-Sud con la testa rivolta a Nord.

[17] Corrispondenza con buio, silenzio, posizione orizzontale, etc..

[18] Corrispondenza con l'energia.

[19] L'inizio dello spazio è ad Est. Per le caratteristiche di apertura del Sud, l'ingresso potrebbe, in certi casi, posizionarsi anche in tale direzione.

[20] Ad esempio, attività correlate, come cucinare e mangiare, necessiteranno di locali che permettano un percorso est-ovest e, nel contempo, le attività di preparazione dei cibi si posizioneranno in posizione più a Nord in relazione a quelle di somministrazione degli stessi.

[21] In tal caso, definendo la direzione oraria (Yin) o antioraria (Yang).

[22] Ad esempio, un paziente con un problema ai Reni. Seguendo le teorie, tale paziente dovrebbe, in assoluto, dormire in direzione Nord ma, per la propria specifica patologia, dovrebbe evitare tale direzione (che, corrispondendo all'organo malato, ne favorirebbe l'eccesso di attività) e favorire la direzione Sud. In tal caso, si potrebbero prevedere camere che, posizionate nella zona più a Nord, possano tuttavia contemplare un posizionamento relativo NordNord, NordEst, NordSud, NordOvest.

INQUADRAMENTO TERRITORIALE

Inquadramento territoriale

La Tailandia è situata nel sud-est asiatico, il cui clima è caratterizzato dall'alternanza di stagioni piovose e secche. Le piogge sono causate dai temporali monsonici, che si originano principalmente sul mare della Cina del sud e la siccità è causata dai venti monsonici che si originano sulla terraferma asiatica.

Le popolazioni della Tailandia si sono adattate al clima tropicale e si sono distribuite nel Paese prendendo come primi riferimenti montagne e fiumi. Le montagne hanno ostacolato i movimenti da est ad ovest, mentre i fiumi hanno facilitato gli spostamenti nord-sud. I fiumi hanno costituito da sempre un'importante via di comunicazione e di scambio e hanno disegnato le aree di influenza delle diverse culture locali.

Le vallate fluviali hanno diviso il paese in quattro aree principali: la fertile regione centrale, dominata dal fiume Chao Phraya[1]; l'altopiano nord-orientale del Khorat attraversato dai fiumi Mun e Chi che confluiscono nel Mekong; la regione settentrionale bagnate dai fiumi Nam, Yom, Wang e Ping, che confluiscono nel Chao Phraya ; e la penisola meridionale che si estende sino alla frontiera malese.

L'altopiano nord orientale del Khorat che è bagnato dai fiumi Mun, Chi e dal Mekong, nel quale questi fiumi confluiscono: è la regione più povera della Tailandia, quella in cui siccità e inondazioni si succedono rendendo precaria l'agricoltura[2]. Tale condizione rende particolarmente difficili gli scambi e lascia quest'area ai margini dei principali luoghi di sviluppo nazionali.

Il Mekong, che oggi segna il confine politico fra la Thailandia del nord-est e il Laos, rappresentava in passato, insieme ai suoi affluenti, una fitta rete di comunicazione che ha da sempre facilitato i contatti e gli scambi con le popolazioni Laotiane, i cui costumi e la cui lingua sono tuttora molto simili a quelli del nord-est tailandese.

Nella provincia di Ubon Ratchatani, che si trova sul limite nord orientale della Tailandia e confina per circa 300 km con il Laos e per circa 60 km con la Cambogia, la maggioranza della popolazione è tuttora di etnia laotiana. La città di Ubon Ratchatani, oggi popolata da circa 2.000.000 di abitanti, era stata fondata dagli immigrati laotiani sulla riva nord del fiume Mun alla fine del XVIII secolo e ha avuto un rapido sviluppo solo negli ultimi trent'anni "grazie" alla presenza americana durante la guerra del Vietnam.

---

[1] L'amplia pianura fluviale del Chao Phraya, che defluisce nel golfo del Siam, nelle vicinanze di Bangkog, costituisce l'area più densamente popolata, trovandosi su un terreno molto fertile e in una posizione geografica particolarmente favorevole agli scambi.

[2] La regione del nord-est essendo caratterizzata da terreni silicei e ricevendo scarse precipitazioni, che determinano una situazione climatiche di savana, possiede una superficie coltivata che rappresenta solo il 15% di quella totale.

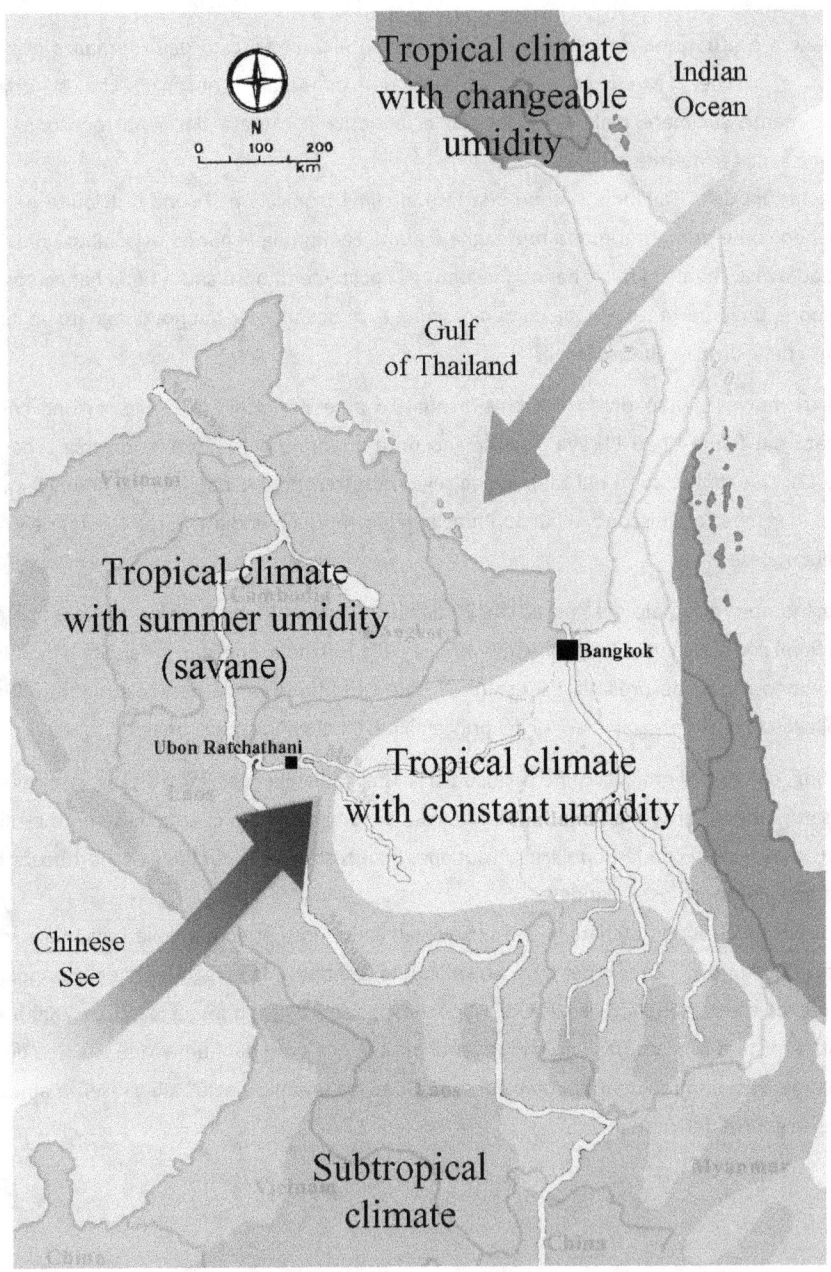

Carta climatica della Tailandia, direzione dei principali venti monsonici: in blu i monsoni invernali provenienti da nord-est durante la stagione secca, in rosso quelli estivi provenienti da sud-ovest che portano la stagione delle piogge.

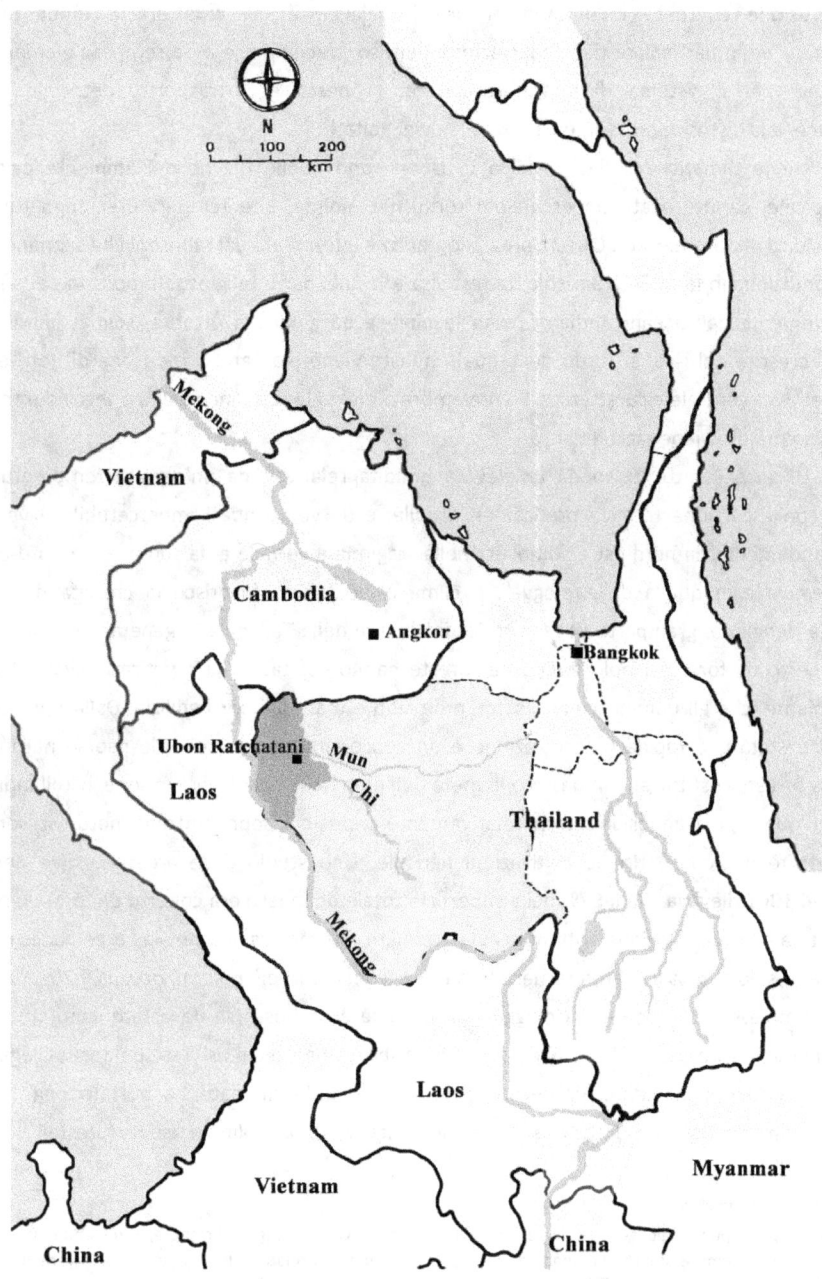

Inquadramento della regione del nord est della Tailandia (Isaan), e della provincia di Ubong Ratchathani.

Nonostante la recente urbanizzazione, il territorio della provincia di Ubon è organizzato secondo una distribuzione coerente e unitaria di piccoli villaggi, il cui carattere è influenzato dall'agricoltura ed in particolare dalla coltivazione del riso. L'acqua, che è da sempre l'elemento fondamentale per il sistema di vita, l'agricoltura, la pesca e il trasporto, determina la localizzazione e la distribuzione sul territorio dei nuclei abitati[3].

Le caratteristiche climatiche della provincia di Ubon sono quelle tipiche dell'ambiente caldo umido tropicale, caratterizzato da escursioni termiche minime, alte temperature lungo tutto l'anno e umidità relativa elevata. Questa area geografica è interessata dai monsoni che segnano le stagioni, condizionano le attività agricole, le festività e il calendario religioso. Il monsone di sud-ovest, proveniente dall'Oceano Indiano porta la pioggia da giugno a ottobre, segna quindi la stagione di crescita del riso, all'inizio della quale questo viene piantato. Il monsone di nord-est proviene dall'Asia centrale e caratterizza da novembre a marzo la stagione fredda e secca durante la quale il riso maturo viene raccolto.

Il clima di Ubon è caratterizzato da un'elevata umidità relativa[4], da un'elevata temperatura costante[5], con escursione termica praticamente nulla, e da vento quasi impercettibile. I venti hanno un andamento da nord-est a sud-ovest nella stagione invernale e da sud-ovest a nord-est in quella estiva e in quella delle piogge[6]. Il clima caldo umido favorisce la crescita di una vegetazione rigogliosa, gran parte del territorio di Ubon, e della Tailandia in generale, è stato da sempre coperto da foreste tropicali. Queste foreste hanno ospitato una significativa varietà di animali e piante, che gli uomini hanno usato come cibo e materiali per l'edilizia. Dalla II guerra mondiale c'è stata una rapida deforestazione e un concomitante declino delle risorse naturali forestali. Le foreste costituivano in passato la metà dell'area ricoperta di vegetazione in Tailandia, ma molte di queste, trovandosi in terreni relativamente accessibili, soprattutto nel nord-est, sono state abbattute per consentire le coltivazioni agricole. Uno studio delle aree boschive della Tailandia nel 1961 rilevava che il 57% della superficie totale del paese era coperto da foresta; nel 1974 da una documentazione ottenuta via satellite si mostrava che le aree boschive ammontavano solo al 37% dell'area terriera totale e, secondo dati più recenti, occupa il 25% della superficie complessiva del paese. La maggior parte delle aree boschive devastate sono situate nelle regioni del nord e del nord-est. Gran parte del disboscamento è il risultato del taglio illegale degli alberi per scopi commerciali. Questo sfruttamento indiscriminato ha portato oggi alla nazionalizzazione e protezione di tutte le foreste nel tentativo di ristabilire le risorse forestali[7].

---

[3] Vedi Cap. *Localizzazione villaggi*

[4] L'umidità relativa, che può raggiungere picchi del 90% nel periodo che va da maggio ad ottobre, non scende mai al di sotto del 61%. In settembre si ha il massimo valore registrato di umidità relativa che raggiunge il 94%, mentre in febbraio si ha il suo minimo che tocca il 40%

[5] L'analisi della temperatura mostra interessanti aspetti climatici; la temperatura media annuale è di 26.9 °C, toccando punte minime di 8.5 °C nel mese di dicembre, con una temperatura media di 23.8 °C e una massima di 42 °C nel mese di aprile, in cui la temperatura media è di 29,8 °C.

[6] Il territorio è soggetto ad una ventilazione che mediamente si aggira sui 4 nodi ma può raggiungere, generalmente nel mese si maggio, anche velocità di ben 60 nodi, che quando è associata alle piogge torrenziali, può dare luogo a devastanti uragani. Il mese con ventilazione media più elevata è novembre con 5.9 nodi, mentre la minima ventilazioni si ha in marzo-aprile con 3.2 nodi.

[7] Vedi Cap. *Deforestazione: conseguenze economiche e sociali, cambiamento dell'abitazione*

INQUADRAMENTO CULTURALE

Identità culturale Isaan

La convergenza e l'intricata coesistenza di gruppi culturali diversi all'interno della Tailandia, ha prodotto una realtà culturale estremamente ricca e differenziata a seconda dei confini geografici entro cui ci si trova.

L'area del Nord -Est, caratterizzata fisicamente dall'altopiano del Korat e dalla stretta valle del Mekong, ha avuto una formazione storica molto diversa da quella del resto del paese, dovuta principalmente alla sua marginalità geografica rispetto alla valle del Chao Phraya (in cui ritrova l'area urbana di Bankog), alla difficoltà degli spostamenti e alla vicinanza con il Laos e la Cambogia.

La struttura geografica del nord est della Tailandia ha impedito la formazione di una società veramente unitaria e ha invece, fatto in modo che questa si strutturasse in piccoli villaggi, distribuiti in funzione delle disponibilità naturali del territorio e basati su un economia essenzialmente agricola.

Gli abitanti del nord-est della Tailandia possiedono una forte individualità culturale, riconosciuta come *Khon Isaan*[1], che significa letteralmente "gente del nord-est", o *Thai-lao*, ovvero lao che vivono in Thailandia, con forti distinzioni anche linguistiche. Il nome *Isaan*, che i Tailandesi utilizzano per classificare la regione del nord-est, deriva da *Isana*, il nome sanscrito dell'antico regno khmer che aveva prosperato nell'odierna Thailandia nord orientale e nella Cambogia.

Nonostante una norma governativa introdotta lo scorso secolo consideri la lingua thai come la lingua nazionale[2], più dei ¾ degli abitanti utilizzano un dialetto thai differente da quello ufficiale (vale a dire dal thai siamese o centrale). La popolazione che abita la regione del nord est utilizza dialetti *lao* o *isaan* (letteralmente, "lingua dei principati"), molto simili ai dialetti *lao* parlati in Laos: vi sono infatti più individui di origine lao nella Tailandia nord-orientale che in tutto il Laos.

La differenza culturale e linguistica che caratterizza la regione dell'*Isaan* è il risultato della sovrapposizione di influenze indiane, cinesi e laotiane che si sono sedimentate nel corso degli eventi storici e che sono confluite nella formazione dell'identità attuale del territorio del nord est.

---

[1] Il nome *Isaan* deriva da *Isana*, il nome sanscrito del regno Khmer che prosperò nell'odierna Tailandia nord orientale e nella Cambogia.

[2] La lingua nazionale è insegnata nelle scuole, usata in tutte le occasioni ufficiali ed impiegata, in forma scritta, in quasi tutto il materiale stampato

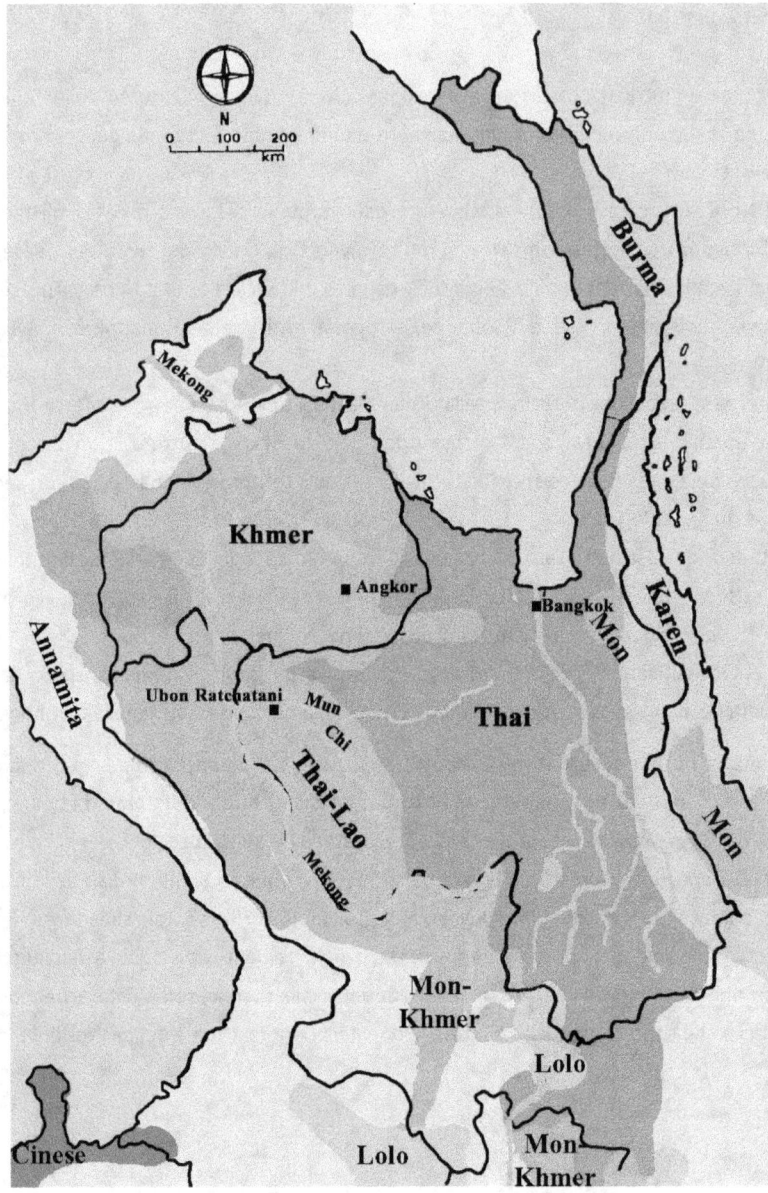

Carta dei gruppi linguistici nel sud est asiatico

Origini Khmer e influenze culturali Indù

La cultura thai nord orientale affonda le proprie origini nella storia delle migrazioni indiane che hanno interessato tutto il sud est asiatico ma che in questa regione, hanno avuto un'influenza determinante. L'inserimento della cultura indiana è avvenuto principalmente nel periodo che va dal I al XII secolo, definito dagli storici di "indianizzazione", attraverso i missionari induisti e buddisti giunti dall'India, e grazie ai mercanti indiani che spingevano sempre più i marinai e i viaggiatori siamesi verso i porti della Cina e dell'India. L'importante conseguenza di questi scambi fu lo sviluppo di un ideologia aperta, multietnica e cosmopolita, e un forte influsso indiano sulla cultura thai attuale, sia sul piano pratico, che su quello concettuale e filosofico.

Nel millennio successivo cominciò a distinguersi nel nord est della Tailandia il primo regno "indianizzato" Khmer (IX-XIII secolo) che arrivò ad occupare una vasta area dal delta del Mekong nell'est, fino al territorio di Phetchburi nell'ovest. I bacini del Mun e del Chi furono per molti secoli centri della cultura Khmer. Amministrata dai re-dei, la capitale Khmer, Angkor, era collegata alle parti più lontane dell'impero da un sistema di strade e roccaforti politico-religiose, tra le quali le principali si trovano nelle province del nord est della Tailandia. Questi templi erano originariamente costruiti come templi indù, dedicati a Vishnu e a Shiva, e quando l'induismo venne sostituito dal buddismo si convertirono in templi buddisti. Nella regione dell'Isaan le influenze khmer sono facilmente individuabili nelle rovine del Prasat di Phimai e di Khao Phnom Rung.

Il re khmer, chiave di volta dell'organizzazione politica del regno, guardiano della legge e dell'ordine costituito, vero dio sulla terra, risiedeva in una città che non era un semplice agglomerato urbano, ma era un microcosmo, un'immagine in miniatura dell'universo quale lo immaginava la cosmologia indiana[3], e che simboleggiava il potere del re.

La cultura thai ha assimilato da quella indiana e khmer il concetto di divinizzazione del re i cui poteri sono più cosmici che terreni e la cui figura è vista come perno dell'universo, personificazione delle forze e degli influssi cosmici. Il re buddista, considerato *"chakravartin"*, imperatore universale che esercita il *"chakra"* (ruota o timone), è potente in termini di rituali, cerimonie regali e autocelebrazioni.   Nonostante l'attuale sistema politico tailandese venga ufficialmente definito una monarchia costituzionale, il re è considerato dalla popolazione come una sorta di semidio e la costituzione stessa impone che sia oggetto di 'riverente venerazione' e non venga esposto ad alcun tipo di accusa o azione contro la sua persona[4].

---

[3] Nel centro del tempio si trovava un santuario, il posto della divinità e il centro del cosmo; intorno al santuario delle mura accerchiate rappresentanti le catene montuose che circondano il mondo terrestre; attorno alle quali vi erano delle vasche d'acqua, cosi come il mondo ha gli oceani intorno. In corrispondenza di ognuno dei quattro punti cardinali vi erano dei cancelli che simbolizzavano l'apertura verso la volta celeste, le stelle, attraverso il quale si stabiliva un contatto tra Dio e l'uomo.

[4] Uno degli intellettuali tailandesi più quotati, Sulak Sivaraska, fu arrestato agli inizi degli anni '80 con l'accusa di lesa maestà, a causa di un riferimento appena accennato alla passione del re per lo sport della vela (Sulak si riferì a sua maestà definendolo 'skipper'), e fu costretto a fuggire dal paese per non essere ulteriormente perseguitato.

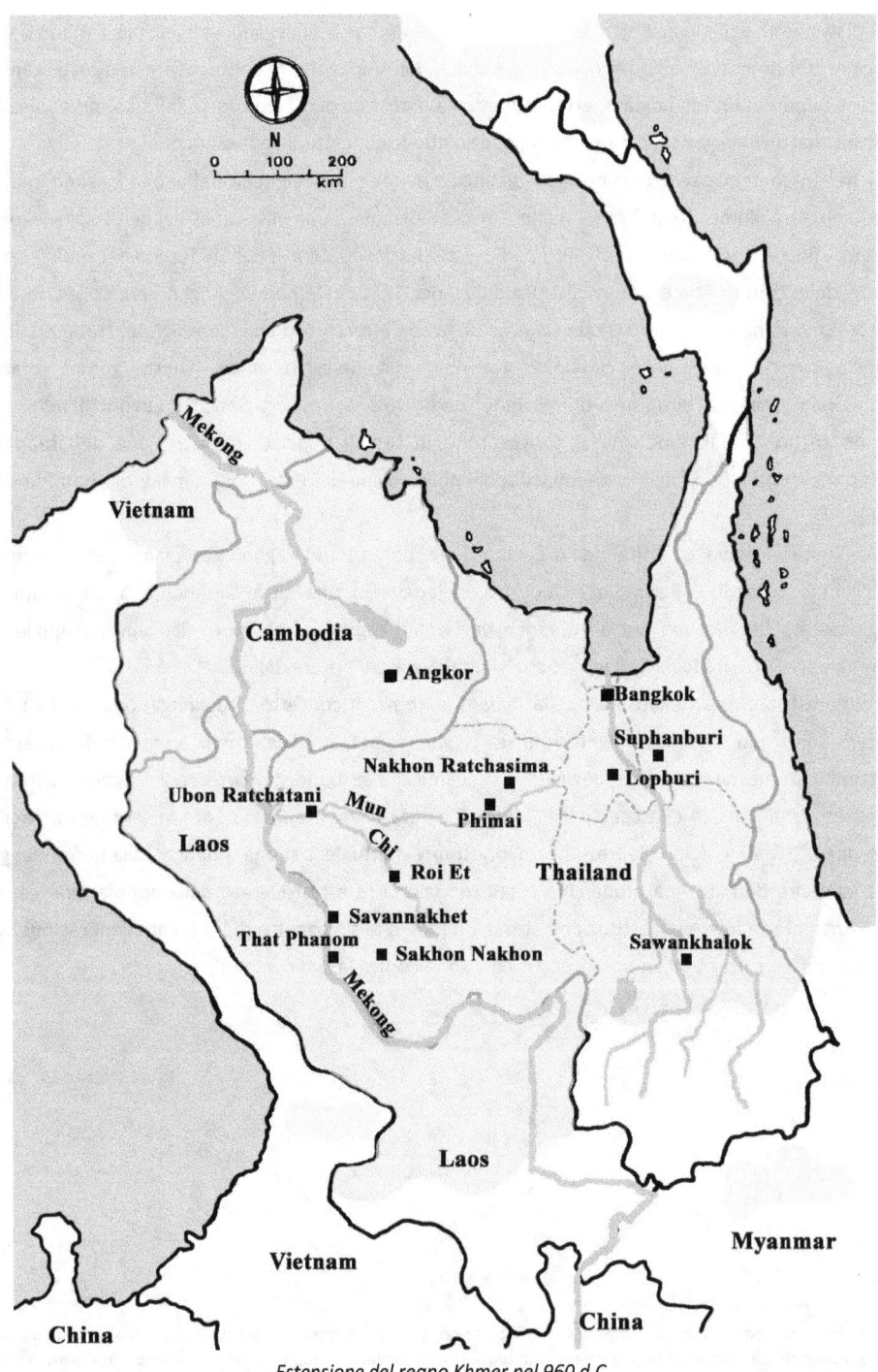

Estensione del regno Khmer nel 960 d.C.

Un'influenza rilevante della cultura indiana su quella tailandese deriva dall'interpretazione del centro, quale elemento di intersezione delle quattro direzioni cardinali e dei quattro punti intermedi, che è uno schema indù ripreso all'interno di molti spazi sacri buddisti. Questo schema che deriva da quello indiano dei *"guardiani dello spazio"* posti su otto direzioni orientate, ognuno dei quali rappresenta una forza vitale legata ad un elemento naturale e associata ad una particolare divinità, è stato ripreso e adottato dalla cultura siamese[5]. Le divinità indiane dello spazio definiscono l'orientamento corretto del tempio in termini simbolici: l'acqua, ad esempio, che rappresenta lo stato primordiale antecedente la creazione e che è personificata da Veruna, deve collocarsi sempre sul retro delle strutture sacre, le quali divengono in questo modo delle riproduzioni del cosmo. Seguendo questa simbologia spaziale il retro dei templi indiani ed in seguito quello dei templi tailandesi è la parete ovest, di fronte alla quale si aprono gli ingressi. L'est, che è associato a Idra, la divinità principale indù, alla quale sono collegati la pioggia e i temporali, si trova in testa ai quattro guardiani dello spazio e rappresenta la direzione privilegiata, rispettata da tutti gli ingressi agli spazi sacri indiani, khmer e in seguito buddisti.

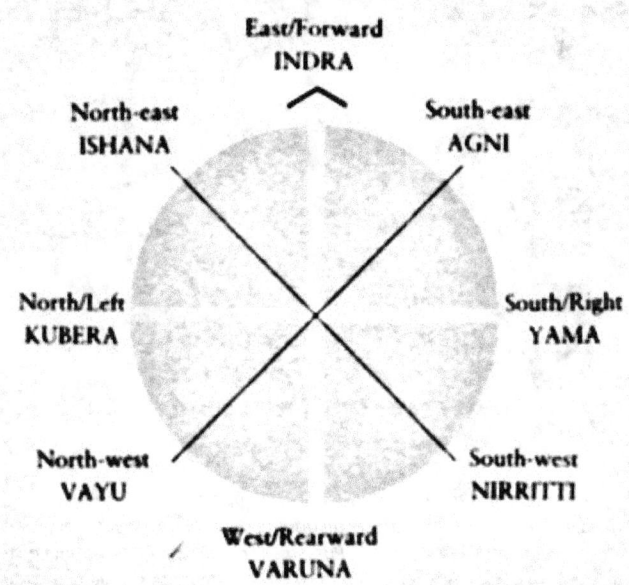

Diagramma dei guardiani dello spirito indiani, analogo a quello adottato dalla cultura tailandese del nord-est.
(da: A. Snodgrass, The symbolism of the stupa, Ithaca, NY: studies of Southeast Asia n.1, Southeast Asia Program, Cornell University)

---

[5] Lo schema indù è seguito nella disposizione delle pietre sacre, *bai sema*, poste attorno allo spazio del padiglione buddista destinato alla preghiera dei monaci. Queste pietre sono esattamente otto, e le loro posizioni coincidono con i quattro punti cardinali e i quattro punti intermedi, riprendendo le direzioni del diagramma indù (vedi Cap. tempio).

La divinità indiana che definisce la direzione spaziale nord-est, *Ishana*, ha dato origine al nome *Isaan*, utilizzato per indicare la regione del nord-est della Tailandia, e ricordarne la forte influenza culturale indù.

Lo schema simbolico delle direzioni cardinali convergenti in un asse centrale è stato assorbito dalla cultura siamese che l'ha acquisito come base per lo schema sacro del mandala[6] dal quale hanno origine numerose planimetrie di templi, città e villaggi tailandesi.

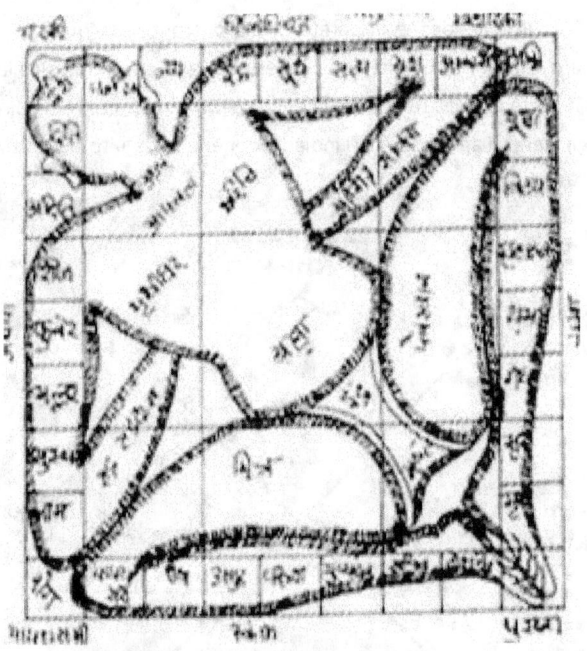

Diagramma fondamentale del tempio Indù, che rappresenta l'immagine di Purusa, l'essere totale che i Veda sacrificarono all'origine del mondo e che si incarna così nel "cosmo", ossia il simbolo spaziale di Purusa, immaginato come uomo disteso nel quadrato fondamentale, nella posizione della vittima del sacrificio vedico: la sua testa poggia a oriente, i suoi piedi a occidente, le sue mani toccano gli angoli nord-est e sud-est del quadrato.

---

[6] I mandala sono costruiti secondo precise dimensioni e proporzioni, che ripetono in miniatura gli schemi matematici che governano il cosmo, e sono spesso divisi in quadrati concentrici a creare complessi modelli geometrici e a suddividere lo spazio in zone, ognuna delle quali rappresenta un livello differente dell'universo. Il quadrato centrale è quello che possiede il maggiore potenziale energetico ed è quindi considerato principale.

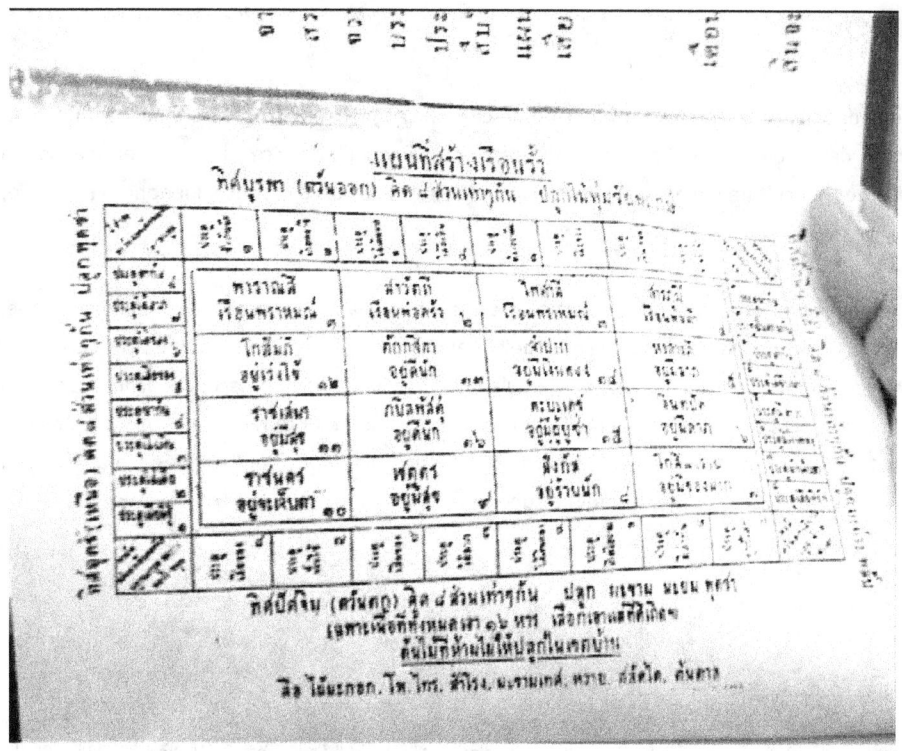

Mandala indiano
(da: T. Burckhardt, L'arte sacra in oriente e in occidente,
l'estetica del sacro, Rusconi Libri, Milano, 1976, p.29)

Schema di un mandala utilizzato dai monaci del nord est nelle planimetrie dei templi e delle abitazioni.
(foto: S. Riccardi)

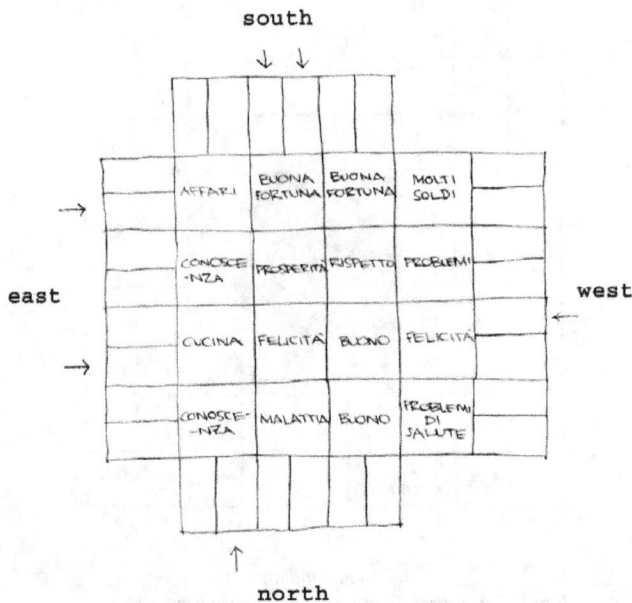

*Schema di un mandala utilizzato dai monaci del nord est nelle
planimetrie dei templi e delle abitazioni.
(dalla testimonianza del monaco Prapromuachiruayan).*

L'idea della corrispondenza tra il cosmo, la casa, il tempio o il villaggio e il corpo umano, che deriva dalla religione indiana e dagli stessi rituali yoga, influisce sulla concezione spaziale dell'*Isaan*. La cultura indiana paragona la spina dorsale al pilastro cosmico, identifica i respiri con i venti, e vede l'ombelico o il cuore come il centro del mondo.

La rappresentazione indiana del cosmo[7], riconducibile alla forma quadrata che allude a quella della terra, il tema dell'asse cosmico e quello del centro dell'universo ricorrono spessissimo nelle creazioni architettoniche tailandesi, modulandosi in varie forme a seconda delle epoche. La simbologia del centro, che nei templi Khmer è espressa dal Monte Meru, il reame degli dei indù situato al centro dell'universo, rappresenta l'archetipo del *Chedi* [8] buddista eretto al centro del wat come rappresentazione del mondo superiore.

---

[7] La cultura indiana ha trasmesso l'idea di dualismo cosmico, in particolare l'idea di un mondo superiore e uno inferiore, che ha portato alla consacrazione delle città, dei palazzi, dei templi, e delle case, considerati entrambi centri del mondo e immagini dell'universo.

[8] Vedi Cap. tempio buddista

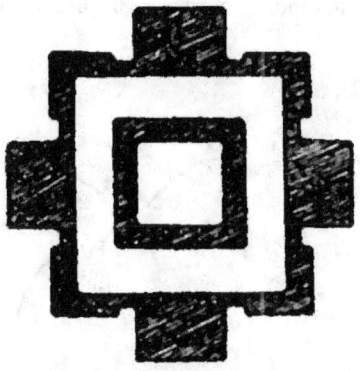

Pianta di un tempio Khmer
(da: T. Burckhardt, L'arte sacra in oriente e in occidente, l'estetica del
sacro, Rusconi Libri, Milano, 1976, p.35)

L'arte buddista deriva dall'arte indù, dalla quale sono ricavate le due forme principali del Buddha e del loto. L'immagine dell'uomo divino disteso sul loto è un motivo indù, che riprende l'immagine del Vastu Purusa indiano, l'essenza divina in quanto essenza eterna dell'uomo, e anche immagine di *Agni*, il figlio degli dei che nasce dalle acque primordiali, disteso sul mandala, che è la rappresentazione dell'universo. L'arte buddista ha quindi perpetuato il simbolo indù di *Purusa* attraverso l'immagine del loto aperto che rappresenta il cosmo spirituale, che nasce dalle acque, richiamando così la manifestazione dell'*Agni* vedico, e che si apre nelle otto direzioni dello spazio, allo stesso modo del mandala.

Anche l'immagine del Buddha condensa in sè l'antica arte indiana e khmer: possiede un'analogia simbolica sia con la forma del loto, che con quella dello *stupa*, ossia del reliquiario che si trova all'interno dei templi buddisti[9].

Migrazioni Thai e assimilazioni culturali cinesi.

Le origini degli attuali abitanti della Tailandia sono individuate nella popolazione appartenente ad una vasta area di influenza, comprendente gran parte del sud est asiatico, che era attraversata da migrazioni periodiche lungo alcune direttrici principali. La mappa linguistica del sud est asiatico mostra chiaramente che le aree di occupazione preferite delle popolazioni thai erano le vallate fluviali. All'interno dei confini geografici dell'attuale Tailandia per un lungo periodo sono state due le zone che hanno delimitato i principali movimenti migratori: a nord lo Yuan Jiang e le altre zone fluviali delle province cinesi dello Yunnan e del Guangxi, a sud la valle del fiume Chao Phraya, nell'odierna Tailandia centrale, che definivano le maggiori concentrazioni di abitazioni e i principali fulcri degli eventi storici. Le valli degli altri corsi d'acqua, tra cui anche le valli del Mekong, del Chi e del Mun, a causa delle loro caratteristiche fisiche, erano invece aree di

---

[9] Vedi Cap. *Aspetti simbolici del tempio*

migrazione "intermedia", possedevano minor rilievo, fungevano da zone di rifornimento, erano e sono tuttora meno abitate.

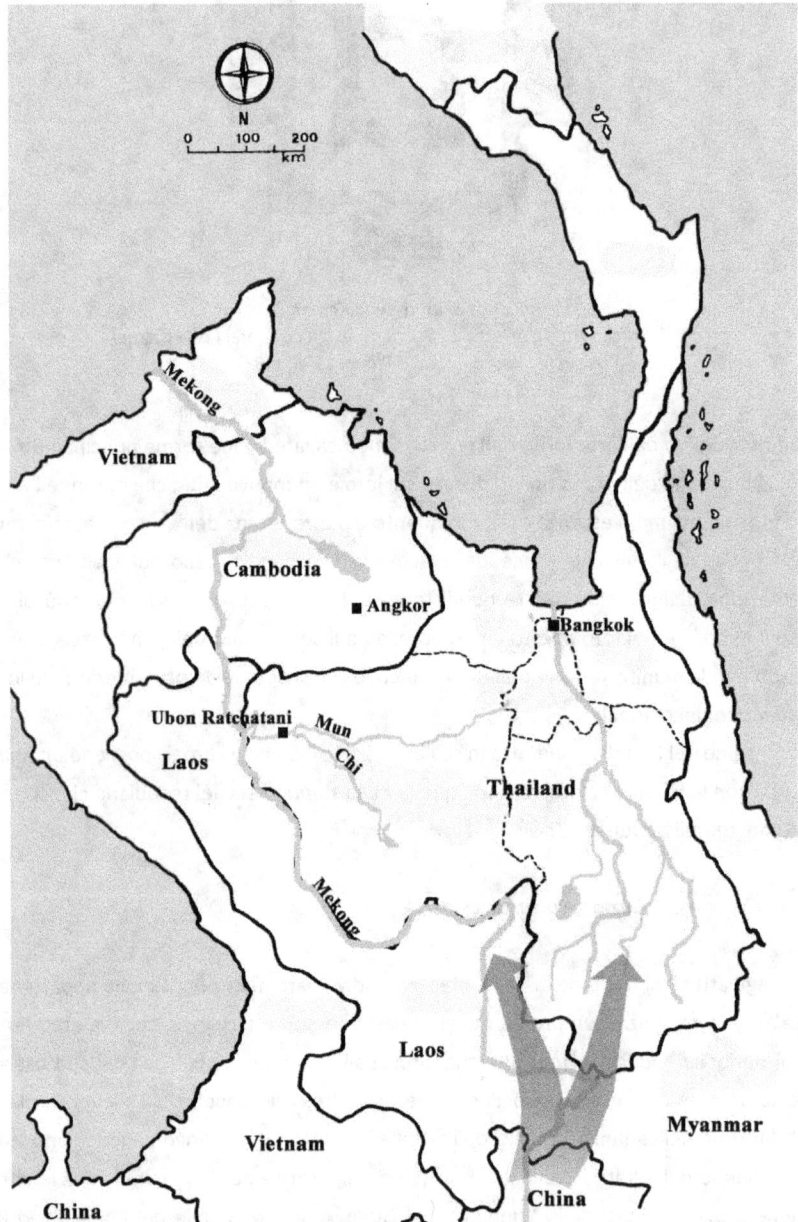

Migrazioni delle popolazioni thai provenienti dalle regioni sud-est della Cina (Yunnan) nell'attuale Tailandia, avvenute dalla fine del XIII secolo.

I gruppi thai del nord est provenivano principalmente dal sud della Cina, dalla regione dello Yunnan, e si erano trasferiti nell'area dell'altopiano del Korat insediandosi lungo i fiumi Mun Chi e

Mekong, verso la fine del XIII secolo e in modo più massiccio nel XVIII, inserendosi senza alcuna difficoltà all'interno del sistema sociale khmer preesistente.

Questi gruppi emigranti thai si erano organizzati in unità territoriali di governo chiamate *meuang* ("principati", o "distretti"), rette da un sovrano chiamato jao mueang ("signore del meuang"), ognuna delle quali aveva la propria base in una valle fluviale o in una porzione di questa. Il contatto tra le popolazioni thai di origine cinese e le popolazioni Khmer di origine indiana già presenti sul territorio (insediate nell'attuale Tailandia nord orientale, Laos e Cambogia) è avvenuto in modo non violento e ha reso possibile l'assimilazione delle diverse culture.

Il gruppo thai proveniente dal sud della Cina si è adattato in modo armonioso con la natura nel nuovo ambiente, ha introdotto modifiche sostanziali alla forma dei propri insediamenti e delle proprie abitazioni in funzione delle nuove esigenze climatiche, ed ha assimilato la filosofia, la simbologia, le credenze della cultura indù.

Molti aspetti legati ai rituali praticati attualmente nel nord est della Tailandia e connessi alla vita quotidiana, dalla scelta del luogo dove vivere alla costruzione della casa, all'orientamento e alla distinzione dei giorni favorevoli, devono essere fatti risalire alle origini cinesi delle popolazioni thai insediate e all'assimilazione di questa cultura esportata con quella indiana e khmer presente già da alcuni secoli sul territorio.

La credenza *Isaan* negli spiriti della terra, che possono causare la pioggia o la siccità, il buono o il cattivo raccolto, la salute o gli incidenti, il successo o il fallimento nell'amore, nel gioco, negli affari di guerra, nella costruzione delle città e delle abitazioni, e che devono per questo essere resi favorevoli attraverso offerte e preghiere, ha aspetti molto simili alla cultura tradizionale cinese e, probabilmente, derivati da questa.

Il vasto insieme di credenze, regole e consuetudini che riguardano l'occupazione e l'organizzazione del territorio tailandese del nord est sono molto simili alle antiche regole del feng-shui cinese e si basano sull'interpretazione degli elementi visibili dell'ambiente come la forma e le caratteristiche del terreno, degli alberi, ecc., così come dei fenomeni naturali e delle forze che hanno costituito il paesaggio. Dalla giustapposizione di considerazioni legate principalmente alla comprensione della natura scaturisce l'interpretazione del luogo, il giudizio complessivo riguardo alla sua positività che ha un importanza rilevante per la localizzazione dell'insediamento e la necessità di relazionarsi a questo in modo equilibrato.

Il controllo dello spazio secondo la struttura del mandala e delle quattro direzioni cardinali, introdotto nel nord est della Tailandia dalla cultura indiana e khmer, è stato assorbito e rafforzato dalla cultura cinese esportata dalle popolazioni emigrate thai. Nell'architettura cinese tradizionale il centro è il punto più verticale e maggiormente decorato, che divide simbolicamente lo spazio in quattro quartieri[10] secondo le quattro direzioni cardinali: tale spazio assume sempre la forma quadrata, immagine della terra. Questa struttura spaziale costituisce la base seguita da tutte le planimetrie dei templi tailandesi pur nell'estrema variabilità e ricchezza delle soluzioni.

---

[10] Il leggendario impero cinese controllava i quattro imperi dei cieli, associati a quattro spiriti (la tigre bianca a ovest, il drago verde a est, l'uccello rosso a sud, e il guerriero bianco a nord).

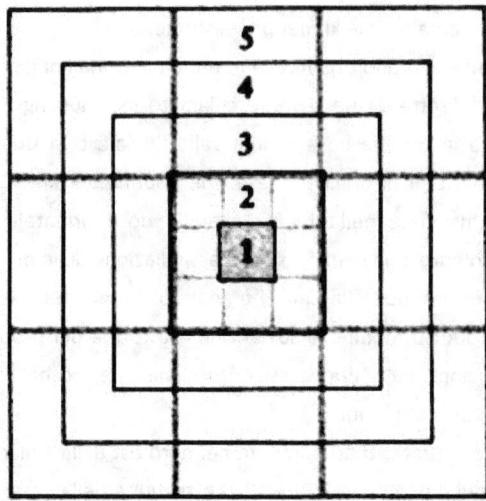

Diagramma cosmologico cinese, secondo il quale l'universo è rappresentato da un quadrato diviso in quadrati concentrici, ognuno delle quali rappresenta un livello differente dell'universo, il cui quadrato centrale è quello principale, che racchiude maggiore energia e corrisponde al centro dell'universo. Questo modello simbolico è stato ripreso nella planimetria dei templi e delle città tailandesi del nord est.

Identità thai-lao

I bacini fluviali del Mun, del Chi e del Mekong, che per molti secoli sono stati centri della cultura Khmer (IX-XIII) e hanno in seguito assimilato le migrazioni thai dal sud della Cina (XII-XVIII), dopo il declino degli imperi Khmer (nel 1773 e nel 1772) hanno visto il progressivo insediarsi di gruppi di popolazioni lao. Nella fine del XVIII secolo quest'area faceva parte del *Monthon Ubon*[11], uno stato satellite dell'Isaan sud orientale, che comprendeva le moderne province di Surin, Si Saket, e Ubon, più alcune parti del Laos meridionale, e aveva come capitale Champasak, nel Laos. Da questo periodo in cui l'intera area apparteneva al controllo siamese fino alla fine del XIX secolo, la regione era stata divisa in dozzine di piccoli feudi ognuno dei quali sotto l'influenza di un signore "ereditario" che pagava un tributo al re tailandese. L'eliminazione di questa relativa autonomia della regione del nord est rispetto al resto della Tailandia è avvenuta alla fine del XIX sec. Questo brusco cambiamento ha determinato numerosi casi di rivolte politiche che sono state soppresse dal governo Tailandese ma hanno evidenziato la reale diversità culturale della regione rispetto al resto della Tailandia.

---

[11]   Rama V divise la regione dell'Isaan in quattro Monthon, termine sanscrito per Mandala, o stati satellite semi autonomi, in cui sistema venne sostituito dal sistema delle province nel 1933.

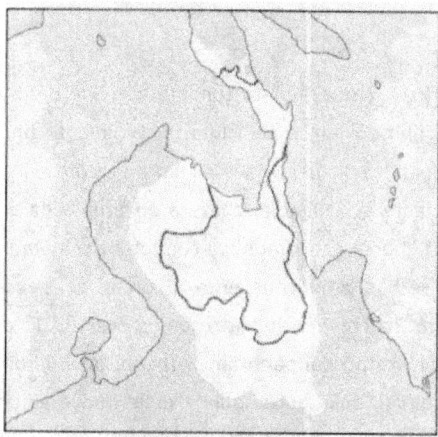

Territorio Tailandese nel 1809.

La regione dell'Isaan è rimasta relativamente autonoma dal governo Tailandese sino alla colonizzazione francese dell'Indocina, all'inizio del novecento, che ha costretto la Tailandia a definire i suoi confini nord-orientali con la Cambogia e con il Laos.

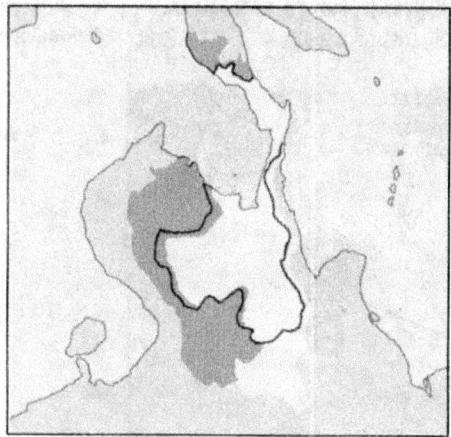

*Tailandia del 1909: in giallo i territori tailandesi,
in rosso i territori ceduti al Laos e alla Cambogia.*

Il lungo periodo politico di semi-autonomia della regione dell'Isaan ha contribuito ad evidenziare le differenze culturali e l'identità propria dei Thai del nord-est, profondamente legata alla cultura Lao sia per la lingua che nelle abitudini, costumi, coltivazioni fino alla coltura e consumo di riso glutinoso. La volontà del popolo thai-laos di conservare una propria identità distinta attraverso semplici elementi del quotidiano, la lingua, il cibo e la casa, si rispecchia in un famoso proverbio locale, che riassume così tre semplici regole da seguire: "1) bisogna parlare sempre dialetto, 2) bisogna coltivare riso *glutinoso*, 3) bisogna alzare la casa per evitare il problema dell'alluvione."

Influenza occidentale

La città di Ubong Ratcha Thani, che era stata fondata alla fine del XVIII secolo dagli immigrati laotiani sulla riva nord del fiume Mun, è cresciuta notevolmente fino a diventare il principale centro urbano dell'Isaan orientale solo nel corso dell'ultimo secolo.

Tra gli anni sessanta e settanta la Tailandia, che era governata da ufficiali dell'esercito, aveva appoggiato politicamente la guerra anticomunista condotta dagli Stati Uniti e aveva permesso a questi di dislocare numerose basi americane entro i confini del paese. La presenza americana durante e dopo la guerra ha messo in atto un processo di occidentalizzazione che è particolarmente evidente all'interno del panorama urbano, dove la diffusione dei supermercati, del cibo e degli abiti occidentali, delle automobili e delle nuove abitazioni in vetro e cemento, stanno modificando radicalmente lo stile di vita tradizionale. Le zone rurali della regione dell' Isaan non hanno invece risentito della crescita economica che ha condotto alla rapida espansione delle città, possiedono tuttora uno dei redditi pro capite più bassi del Paese e non sono quasi per nulla interessate dal turismo (in media solo il 2% del totale degli arrivi internazionali si addentra nella Tailandia nord orientale). Le zone rurali e tutti i villaggi del nord est non essendo stati influenzati in modo diretto dai modelli americani, sia per ragioni geografiche che economiche, hanno potuto mantenere più forte il legame con le antiche tradizioni locali.

INQUADRAMENTO POLITICO RELIGIOSO

Il sistema politico

I Thai emigrati nel nord est della Tailandia dal sud della Cina erano organizzati in una società feudale, in cui il capo, oltre ad essere signore della sua famiglia, della sua clientela e degli uomini liberi che gli dovevano servizio armato, aveva anche un potere religioso che rafforzava il suo potere politico, poiché a lui faceva capo il culto dello spirito della terra, il 'phi muong'. Era anche questa una lontana forma che riecheggiava il sistema cinese che, in seguito, indotto ad un tipo di culto regale assai simile alla divinizzazione del re khmer. I sovrani tailandesi avevano assimilato in gran parte l'organizzazione dei regni Khmer e la loro investitura assunse caratteri quasi di divinizzazione. Dopo aver subito l'influenza della cultura Khmer, i governatori dei *"myang"* avevano tentato gradatamente di trasformare le molte e piccole entità territoriali in un regno che in Thai è chiamato un *"ratcha-anacak"*.

Tale termine che deriva dal Sanscrito si riferisce ad un tipo di politica il cui modello si basa sulle teorie di governo indo-buddiste. Questo modello era stato ampiamente impiegato nell'Asia sud-est, e negli stati definiti *"stati indianizzati"*[1]. Il governatore di un *"ratcha-anacak"* era più di un semplice signore di un *"myang"*, era un *"raja"* (termine da cui deriva il Thai *"ratcha"*) ed esercitava la propria autorità (*"ana"*) che a sua volta identificava la persona con il potere sacro. Il *"raja"* occupava un trono al centro di un circolo (*"cak"*, dal sanscrito *"cakra"*), conosciuto anche nei manuali di governo indiani come *"mandala"*, che era l'immagine del cosmo sacro. All'interno del mandala vi erano forme di governo minori, i cui signori riconoscevano la sovranità del re attraverso rituali o guerre vinte, per dimostrare che egli possedeva l'autorità divina. Questa idea di governo è testimoniata dal nome stesso *"Monton di Ubong"*, attribuito da Rama V alla regione del nord est della Tailandia, il cui termine in sanscrito significa Mandala.

La sacralità della monarchia si manifestava principalmente nei rituali compiuti dai re, i quali, dal XV secolo in poi, partecipavano ad un elaborato e cospicuo insieme di rituali Brahmanistici, che seguivano il modello di quelli utilizzati dai re di Angkor e che ricordavano l'origine divina del potere monarchico. Questi rituali Brahmanici sono stati seguiti dai sovrani tailandesi anche nei periodi più recenti: l'attuale Re contemporaneo, Bhumibol Adulyadej ha perpetuato alcuni di questi riti.

L'attuale concezione divina del re, ripresa dalla cultura Khmer (che il considerava il re come la reincarnazione terrena del dio Indù) è oggi sostenuta e rafforzata dalla religione Buddista.

---

[1] Il termine *"stato indianizzato"*, introdotto dallo storico Georges Coedès (Georges Coedès, *The Indianized States of Southeast Asia*, Honolulu, East-West Center Press, 1968), indica gli stati Mon, Khmer.

Il sistema religioso

Anche se i popoli Thai emigrati nel Nord Est della Tailandia avevano vissuto in contatto con la civiltà Indo-Buddista Khmer, seguivano una tradizione religiosa che non faceva uso di testi scritti e non richiedeva il servizio di monaci che offrissero le loro vite al servizio dei fedeli. Per questi Tai, le incertezze e le disuguaglianze della vita erano attribuite alle presunte azioni di spiriti ("*phi*") di vario tipo e allo stato di un'anima o essenza vitale ("*khwan*"), che era posseduta non solo dagli uomini, ma anche dal riso, dagli elefanti ed da altre forme di vita.

Attraverso il contatto con la cutura Khmer, i Tai adottarono altre idee religiose: tra l' XI e il XIV sec., la religione prevalente nel nord est della Tailandia era infatti l'induismo. Gli Khmer avevano acquisito da fonti indiane la teoria che il mondo facesse parte di un ordine cosmico più amplio sia a livello spaziale che temporale. Affinché il mondo intelligibile fosse soddisfacente per la gente che viveva in esso, occorreva, secondo la teoria, accordarlo ed armonizzarlo con l'ordine cosmico. La civiltà Khmer aveva quindi eretto numerosi edifici monumentali in onore dei "Re-Dei" che rappresentavano il cosmo, allo scopo di portare il loro regno in armonia con l'ordine cosmico. Nonostante ad Angkor questi edifici, che erano solitamente dedicati alle divinità Indù, fossero dedicati al Buddha l'idea di base era la stessa.

La religione cosmologica dei regni Khmer dipendeva dal monarca, che poteva mobilitare un gran numero di persone per la costruzione di templi o stupa, i cui movimenti riflettevano l'influenza e il controllo politico del re come fede religiosa del popolo.

La costruzione di grandi monumenti Indo-Buddisti Khmer richiedeva anche la competenza di monaci che conoscessero bene i testi riguardanti l'ordine cosmologico, ed i rituali che dovevano essere attuati per dedicare e mantenere i culti associati con i monumenti.

Quando i Tai hanno iniziato a sviluppare una propria organizzazione politica indipendente da quella khmer, hanno acquisito da questi l'idea della cosmologia indù e hanno utilizzato i principali monumenti khmer che rappresentavano attraverso la pietra l'idea dell'universo indiano. I re Tailandesi avevano inoltre assunto il potere assoluto sul *sangha*, ovvero sul clero Buddista, e sui Bramini richiesti per celebrare i culti associati alla religione.

I monaci Theravada presenti nella Tailandia prima del XIII secolo erano pochi e inifluenti sul panorama religioso generale. Solo a partire dal XIII secolo, un ordine di monaci Thervada è emerso dal sangha dominante, il quale, dopo essersi spostato nei centri Buddisti Theravada dello Sri Lanka, tornato in Tailandia, era riuscito a convertire i Re e i loro cortigiani, e verso il XV secolo anche la popolazione dei villaggi.

Anche se i Tai avevano continuato ad accettare le nozioni cosmologiche Indù per la loro visione religiosa del mondo, contemporaneamente accettavano anche la concezione religiosa Theravada, secondo la quale il cosmo, come il mondo intelligibile, non è permanente ma soggetto a cambiamento. Sotto la guida degli insegnamenti professati dai monaci nei sermoni tratti da testi scritti in dialetto anziché nella lingua sacra (il Pali), i Tai erano divenuti i protagonisti principali del pensiero religioso: se le azioni di un individuo contrastano con gli insegnamenti del Buddha, producono "demerito" (in Tai: "*bap*", dal Pali: "*papa*") che si manifesterà in futuro come qualche motivo di sofferenza; al contrario, le azioni moralmente positive producono "merito" (in Thai: "*bun*", dal Pali: "*puñña*") che in futuro condurrà alla sperimentazione di un'esistenza migliore[2].

Quando i popoli Thai del nord est hanno aderito al Buddismo Theravada non hanno comunque abbandonato le loro antiche credenze negli spiriti ("*phi*") e nell'essenza vitale ("*khwan*"), né hanno rifiutato l'idea di un ordine cosmico, simile a quello proposto dalla religione Khmer, anche se queste credenze sono state gradualmente subordinate alla dottrina buddista.

A partire dal XV secolo, una volta che i Tai avevano accettato la visione del mondo Buddista, avevano fatto del *sangha* l'istituzione religiosa centrale della loro società. Coloro che diventarono membri del sangha si occupavano dello studio e dell'uso di testi che contenevano il "*dhamma*" Buddista. Inoltre il *sangha* era gradualmente diventato, ed è tuttora, un "campo di merito" per i laici. L'azione morale più positiva che un laico possa compiere è quella di provvedere a rifornire i *sangha* di cibo o vestiti; attraverso queste azioni, i laici "acquistano merito" ("*tham bun*" in Thai), che li porterà a ricompense future, sia in questa vita che in vite successive.

Nella società Tai il *sangha* non è mai diventata un'istituzione d'élite, con membri scelti solo all'interno della nobiltà, ma al contrario è cosituita da monaci che provengono principalmente dai villaggi rurali. I Tai hanno adottato come ideale quello che ogni maschio debba passare un periodo di tempo come membro dell'ordine Buddista. Questo ideale può essere realizzato da un ragazzo diventando un novizio (in Pali, "*samanera*"; in Thai, "*nen*") per certo un periodo di tempo, durante il quale secondo la tradizione imparava a leggere e a scrivere testi Buddisti, allo scopo di ricopiarli e recitava a memoria i canti usati nei rituali. Poichè molti ragazzi tailandesi nei secoli passati trascorrevano periodi che andavano da pochi mesi a diversi anni all'interno dei templi, questo ha permesso il formarsi di un grande numero di letterati e gli stessi visitatori Francesi del XVII sec. erano rimasti impressionati dal numero maggiore di letterati in Siam piuttosto che in Francia in quel periodo.

Tra le popolazioni Tai del nord est l'ideale è non solo che un ragazzo diventi un novizio, ma anche che ogni uomo diventi monaco (in Pali,"*bhikkhu*"; in Thai, "*phra*"), anche per un periodo temporaneo, poiché questo avrebbe migliorato oltra alla sua condizione morale anche quella della sua famiglia. Questo ideale tradizionale del servire come novizio e monaco per un periodo temporaneo è tuttora molto radicato, circa i ⅔ degli uomini lo seguono e, riconoscendo il valore attribuito a questa esperienza, il governo Thai permette agli impiegati statali maschi, di partire per un periodo quaresimale di tre mesi con piena retribuzione e di trascorrere il tempo nel monacato.

---

[2] Questa teoria d'azione è racchiusa nel pensiero Buddista della "Legge del kamma" ("*karma*" in Sanscrito, "*kam*" in Thai), che porta a credere che ogni tipo di sofferenza e gioia sperimentate sia una conseguenza del "*kamma*" di una vita precedente, e conduce al controllo del carattere morale delle azioni del presente per godere delle migliori conseguenze del "*kamma*" in futuro, sia in questa vita che nella prossima. Credere nel "*kamma*", così, significa credere nella rinascita.

ANALISI DI ANTROPOLOGIA DELLO SPAZIO

I VILLAGGI

L'organizzazione sociale ed economica dei villaggi

Nel sistema Tai, l'unità di base della vita politica, economica e sociale è il villaggio ("ban"). I villaggi sono raggruppati in entità politiche più ampie, conosciute come "myang"[1].

La centralità del villaggio nel sistema territoriale del Nord Est della Tailandia è in qualche modo determinata dall'economia essenzialmente agricola, dal continuo rapporto dell'uomo con la natura e dal legame ancora forte con la tradizione.

Nella società tailandese (ed in quella asiatica in genere) la città ha avuto un valore diverso da quella occidentale, e nonostante la rapida espansione delle metropoli moderne, è attualmente meno importante, sia per la convivenza umana, sia per la riconoscibilità culturale locale, rispetto al villaggio.

I risultati di un primo questionario approssimativo rivolto agli abitanti del villaggio di Ban Yang Noi[2], confermano l'importanza del villaggio, che la maggior parte delle persone riconosce come il luogo ideale in cui vivere, rispetto alla città o alle abitazioni isolate, che costituiscono infatti rare eccezioni[3].

I villaggi del nord-est della Tailandia variano in grandezza da circa 100 a 900 abitanti[4], dei quali la maggior parte sono contadini. Il modello d'occupazione è fortemente influenzato dalla frammentazione dei terreni, determinata dalla presenza di molti villaggi, la cui formazione è spesso legata alla ricerca di occupazione al di fuori del nucleo insediativo d'origine ed eventualmente all'emigrazione. Spesso le piccole abitazioni temporanee costruite in mezzo alle le risaie, nelle zone più lontane dai villaggi, in cui tutta la famiglia si spostava per raggiungere e vivere durante il periodo della semina del trapianto o del raccolto, raggruppate insieme hanno formato il nucleo di un nuovo villaggio.

La popolazione di Ban Yang Noi è di circa ottocento persone, le quali vivono di pesca, dell'allevamento di qualche bue o di qualche animale da cortile, e di agricoltura. La principale coltivazione è la risaia, quantificabile in circa il 70% della produzione agricola, destinata quasi interamente al consumo locale.

Il terreno attorno al villaggio è coltivato a riso in modo intenso, e i diversi appezzamenti i cui confini sono tutti arrotondati, si saldano gli uni agli altri come cellule di un tessuto vivente. Ogni particella di colore verde scintillante delle risaie è circondata e chiaramente definita dai bordi più

---

[1] Come ha osservato David Wyatt nella *Storia della Tailandia*, "*myang*" è un termine che indica spostamento, per questo denota relazioni sia personali che spaziali. Quando è stato usato in cronache antiche per riferirsi ai principati, può significare sia la città situata al centro di una rete di villaggi collegati, che il totale di città e villaggi che erano governati da un solo "*chao*" ["cao"], "signore".

[2] Il questionario è stato tradotto in tailandese e distribuito a cinquanta abitanti del villaggio di Ban Yang Noi, ai quali sono state rivolte domande riguardo le loro principali abitudini di vita, in relazione agli spazi della casa e del villaggio.

[3] Su 50 abitanti del villaggio di Ban Yang Noi, il 78% vorrebbe abitare in un villaggio, il 14% in città e solo l'8% in una casa isolata nella campagna.

[4] P. Clement, *The lao hause*, in Izikowitz Sorens, *The House in Southeast Asia Anthropological and Architectural Aspects*, Scandinavian Institute of Asian Studies, 1979, p. 49

scuri di siepi, che fungono anche da percorsi morbidi sul territorio e da cui si alzano palme da cocco o banani.

I villaggi, circondati dagli alberi, emergono dall'acqua che disegna quasi tutto il territorio circostante.

Vista di un villaggio lungo un corso d'acqua.
(da M. Henry Mouhot, Travels in the Central Parts of Indo-China, Cambodia and Laos
During the years 1858, 1859, 1860, Bankog, White Lotus Co., 1986)

Le abitazioni che costituiscono i villaggi sono immerse tra canne di bambù, alberi di cocco, palme e manghi. Le abitazioni appaiono omogenee, nessuna sembra molto più grande o più ricca di decorazioni rispetto alle altre. Gli edifici che si differenziano sono i *wat* (i templi buddisti) e le scuole. Le abitazioni sono distribuite liberamente, circondate da cortili, tra i quali corrono dei sentieri. Il cortile è utilizzato come spazio aperto della casa, delimitato da edifici connessi alle attività agricole, come ad esempio i granai, generalmente costruiti in un terreno più alto rispetto all'abitazione.

Denominazione

"Ban" è il termine thai-laos [5], che individua il villaggio (*Ban* Non Yai, *Ban* Yang Noi, *Ban* Ko, *Ban* E, *Ban* Non That).

Questa parola, che possiede il triplice significato di 'villaggio' di 'casa' e di 'riva', testimonia l'interrelazione esistente tra l'insediamento e il corso d'acqua, e caratterizza fortemente l'idea dell'abitare, legandola appunto alla presenza dell'acqua .

Il nome del villaggio deriva quasi sempre dall'elemento naturale vicino al quale questo è costruito: fiume, ruscello, torrente, lago, laguna (per denominare un'area ricca di acqua), foresta (per indicare che vi era la possibilità di coltivare cereali e vi era abbondanza di animali selvatici da cacciare), altopiano (per denominare una zona protetta dalle alluvioni, in cui coltivare il riso), collina, pianura, etc.[6]

Il villaggio di Ban Yang Noi non fa eccezione a questa usanza: Yang è infatti il nome di un albero, particolarmente diffuso nella zona e nell'area boscata ai limiti dell'insediamento, e spesso utilizzato dagli abitanti per la costruzione delle proprie case (*Ban*=villaggio, *Yang*=alberi di yang, *noi*=piccolo→ *piccolo villaggio degli alberi di yang*).

Per la popolazione Isaan iniziare il nome del villaggio con il nome di un elemento naturale costituisce una forma di rispetto verso la natura (dalla quale l'uomo trae tutto ciò di cui ha bisogno, cibo, acqua, legno per costruire la casa), significa quindi riconoscere la dipendenza dell'atto insediativo dalla presenza naturale[7].

Il rapporto equilibrato e sinergico tra l'insediamento e l'ambiente, esplicato dalla denominazione stessa del villaggio, si manifesta chiaramente nel suo posizionamento ed orientamento.

Localizzazione

La popolazione del Nord Est della Tailandia si è adattata al clima tropicale e si è distribuita sul territorio prendendo come primi riferimenti montagne e fiumi. Le montagne hanno ostacolato i movimenti da est a ovest, mentre i fiumi hanno facilitato gli spostamenti nord-sud.

Nel Nord-Est della Tailandia i fiumi, il Chi, il Mun e il Mekong, oltre a rendere possibile la coltivazione del riso, rappresentano un importante veicolo di scambio, culturale e commerciale.

La scelta del territorio in cui insediarsi avviene per lo più in funzione del corso d'acqua, che rappresenta il principale riferimento orientativo e la direttrice di sviluppo del villaggio.

---

[5] Termine molto vicino a quello della lingua laotiana (*"Baan"*), ma differente da quello utilizzato dalla lingua Thai delle pianure centrali (*"Bang"*), testimoniando la forte diversificazione linguistica delle regioni tailandesi (vedi *Analisi Culturale*).

[6] Traduzione a cura di Tepin del testo thailandese *Cultura del popolo dell'Isaan*

[7] Come sostiene Angelo Turco, designando a tratti la superficie terrestre, le persone creano identità, ossia complessificano il mondo dotandolo di attributi nuovi, e allo stesso tempo ne riducono la complessità, limitando le informazioni e circoscrivendole in funzione delle loro capacità cognitive, esprimendo quindi la loro cultura. (da: A. Turco, *Verso una teoria geografica della complessità*, Unicopli, Milano, 1988

La centralità dell'acqua nella definizione dello spazio insediativo evidenzia l'importanza per gli abitanti, che sono prevalentemente coltivatori di riso (*chao na*), di instaurare un rapporto diretto con il fiume e con la pianura irrigata.

Foto aerea di un villaggio nel Nord Est della Tailandia (Foto: S. Riccardi)

I terreni attorno al villaggio sono organizzati secondo le necessità richieste dalla coltivazione del riso, che rappresenta la prima fonte di sussistenza dell'economia locale. La forma di coltivazione dominante, oggi come in passato, è quella in cui gli agricoltori coltivano lo stesso campo anno dopo anno. Poiché la coltivazione continua impoverisce il suolo, questo metodo richiede l'utilizzo di sistemi per rinnovare la fertilità del terreno, tra i quali quello più semplice sfrutta gli straripamenti annuali di ruscelli e fiumi, e ciò che avviene alla fine della stagione piovosa. Per trarre vantaggi da questi allagamenti, i contadini hanno dato nuova forma alla topografia dei campi in modo da guidare l'acqua al loro interno e trattenerla per il giusto periodo di tempo.

Quando i villaggi sono posizionati lungo i fiumi, o lungo gli affluenti del Mekong, la migliore localizzazione è vicino alle foci degli affluenti, e tali luoghi prendono il nome di *paak* , sia in laotiano che in tailandese. Per questo motivo la toponomastica di alcuni villaggi diventa *Ban Pak Suang* e *Ban Pak Ou* dove gli affluenti *Nam Suang* e *Nam Ou* incontrano il Mekong. Nelle aree caratterizzate da terreno argilloso, come in quella di Ban Yang Noi, nelle quali i fiumi sono soggetti a straripamenti frequenti, i villaggi nascono invece nelle zone leggermente più elevate, protette dalle inondazioni, e assumono come riferimento distributivo l'andamento del sole.

L'orientamento dello spazio, com'è inteso dalla cultura locale, non corrisponde esattamente a quello della bussola, ma si rifà piuttosto alla percezione intuitiva del movimento solare. La distribuzione del villaggio da est ad ovest esprime in modo elementare il movimento solare, e traduce un ordine, considerato inconsciamente positivo, che è quello naturale[8]. Molti villaggi si posizionano al centro dei campi irrigati, su banchi di terra leggermente rialzati, *"no-an"*, che letteralmente significa anche isola, e determina spesso il nome degli insediamenti.

Il villaggio di Ban Yang Noi si posiziona originariamente nella parte di terreno postonaquota più elevata rispetto alle risaie che lo circondano e al corso d'acqua. (dalla Carta Topografica del distretto di Ampor Khuang Nai, 1969)

---

[8] La direzione est-ovest assume il significato del compimento, viene rispettata nel tempio Khmer, che è la rappresentazione del cosmo.

Attualmente molti villaggi si formano lungo la viabilità, perdendo spesso i parametri di riferimento e di orientamento della tradizione. Questo tipo di espansione è diventata predominante negli ultimi 30 anni, ed è evidente nello stesso villaggio di Ban Yang Noi, il cui sviluppo dagli anni '80 è avvenuto lungo la strada statale che collega Ubon Ratchatani a Khon Kaen.

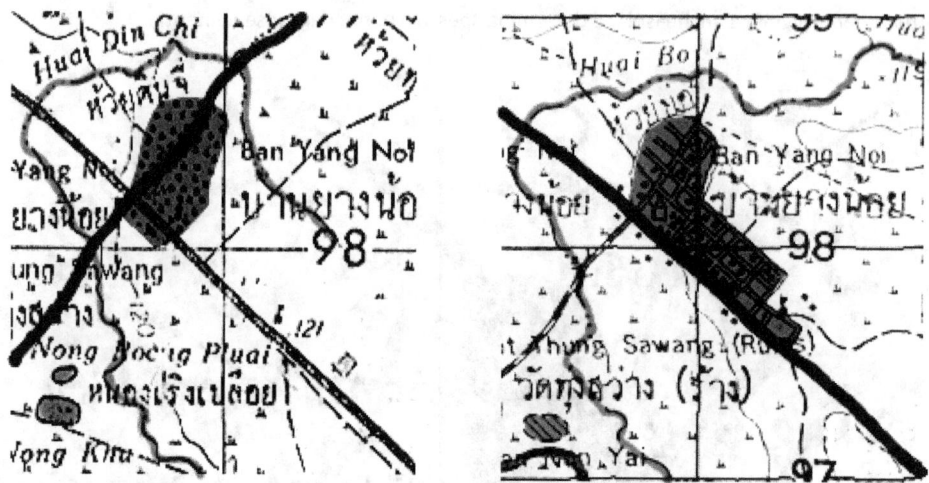

Sviluppo del villaggio di Ban Yang Noi dalla fine degli anni sessanta ad oggi, lungo la direttrice della strada statale. (dalle Carte Topografiche del distretto di Ampor Khuang Nai, rispettivamente del 1969, e del 1994)

Il recente allungamento del villaggio lungo la direzione della strada statale contrasta con il primo nucleo insediativo, che si era invece posizionato sull'area di terreno più alta, rispetto al resto del territorio. Dal nucleo abitato il terreno si abbassa gradualmente verso le risaie, fino ad arrivare al torrente, il quale segue il suo corso alla quota più bassa.

E' su questi dislivelli che si struttura il territorio e che si organizza la trama apparentemente infinita delle risaie: in funzione di esse ed per facilitare il naturale deflusso delle acque, un intero territorio viene disegnato da una fitta rete di linee (gli argini dei campi di riso), a formare una maglia irregolare, seppure logica e funzionale.

Secondo la cultura tailandese e più specificatamente secondo quella Isaan la struttura del villaggio deve seguire la morfologia del terreno, le pendenze e la direzione delle acque, riconoscendo la positività degli elementi naturali presenti (laghi, fiumi, foreste, alberi), le caratteristiche del terreno e gli influssi energetici dello stesso (sintetizzate simbolicamente dalla presenza del *Naga*, o *Nak*, il serpente mitologico).

Il *naga* è un serpente mitologico che vive nella terra e nei corsi d'acqua, gira attorno al terreno per tutto l'arco dell'anno, e a seconda del mese si trova in differenti posizioni, che devono essere considerate in relazione alla scelta del luogo in cui costruire il villaggio. L'astrologo conosce le regole che devono essere osservate per non disturbare il serpente mitologico, dio della terra e dell'acqua. In India, nel momento in cui si inizia la costruzione di un villaggio, l'astrologo decide quale pietra delle fondamenta si deve porre sulla testa del serpente che sostiene il mondo. Non soltanto la fondazione del villaggio si colloca al centro del mondo, ma , in un certo senso la costruzione ripete al cosmogonia. Infatti è noto che in mitologie innumerevoli i mondi sono usciti dallo smembramento di un mostro primordiale, spesso in forma di serpente. Come tutti i villaggi stanno, magicamente, al centro del mondo, così la loro costruzione si inserisce nello stesso momento aurorale della creazione dei mondi[9].

Gli elementi naturali sono determinanti per la scelta del luogo in cui insediarsi. Gli alberi sono considerati elementi sacri, e l'osservazione della loro forma o colore, fornisce informazioni indispensabili circa la positività del luogo in relazione all'insediarsi in questo. Generalmente i villaggi si posizionavano vicino alle foreste e spesso prendevano il nome da queste: *Ban Yang Noi* significa piccolo villaggio degli alberi di *yang*, e *Bankog* significa villaggio degli alberi di *kok* (una specie di piccola susina selvatica).

Il bosco, oltre a rappresentare una fonte primaria di sussistenza, poiché offre la possibilità di coltivare cereali e di cacciare animali selvatici, ha un'importante significato simbolico ed è il luogo in cui si svolgono le principali manifestazioni rituali del villaggio.

Il clima tropicale e la necessità di avere attorno all'abitazione il massimo ombreggiamento, impongono inoltre di non abbattere nessuno degli alberi presenti nel luogo in cui ci si va ad insediare, ma piuttosto di adattare la forma degli edifici, la posizione dei pilastri o delle pareti delle abitazioni, per inserirle il più possibile vicine al verde, e in armonia con questo.

Entrando in un villaggio la prima sensazione forte che si ha è quella di essere circondati dal verde. La vegetazione protegge la vista diretta delle abitazioni, penetra tra gli edifici e diviene l'elemento unificante dell'ambiente abitato.

La presenza di una foresta vicina al villaggio assicura maggiore protezione da alluvioni o venti forti, rappresenta una fonte naturale di cibo (animali selvatici, erbe, frutti, bacche...), e soprattutto un luogo sacro, in cui si compiono riti religiosi importanti tra cui i funerali.

La scelta del luogo in cui insediarsi pone particolare attenzione alla presenza degli alberi, deve osservare la forma delle piante presenti, la dimensione e il colore dei tronchi o dei rami e deve evitarne il taglio, che arrecherebbe influenze negative all'area.

Un villaggio che nasce su un'area in cui erano stati abbattuti alberi importanti ha secondo la credenza comune un futuro estremamente sfavorevole per tutti gli abitanti. Ogni albero che viene abbattuto per costruire un abitazione è scelto in modo accurato, seguendo riti e credenze profondamente radicati, accertandosi di non recare danno alla natura e di non opporsi alla volontà degli spiriti del luogo.

---

[9] da Mircea Elide, *Trattato di Storia delle religioni*, Bollati Boringhieri, Milano, 1976

Il taglio indiscriminato delle foreste condotto negli ultimi cinquant'anni[10], l'assoluta negazione della natura e contraddizione delle regole tradizionali, ha prodotto una frattura interiore enorme, una lacerazione culturale, oltre che ambientale.

 "Quando si sceglie il luogo in cui costruire la casa si deve fare attenzione che non ci siano buchi o nidi di termiti, che non vi siano morti sotterrati, che non siano stati tagliati alberi, che non vi siano alberi con rami storti, o alberi di legno duro".[11]

Probabilmente non si può parlare di superstizioni, ma piuttosto del segno di una saggezza sempre viva e spontaneamente praticata, che permette di raggiungere con il minimo sforzo la migliore armonia con l'ambiente e la migliore situazione abitativa.

La credenza consolidata di non costruire il villaggio dove vi sono alberi di legno duro, ad esempio, può essere spiegata dal fatto che difficilmente vi sarà acqua sotterranea. La regola collettivamente riconosciuta di non insediarsi dove vi siano alberi con tronchi alti e rami storti, probabilmente è dovuta al fatto che la loro presenza è indice di un terreno duro o sassoso dove le radici degli alberi saranno probabilmente poco profonde, meno capaci di opporre resistenza a [12]venti forti, e quindi, non sicuri dal punto di vista statico. Il terreno ottimale per costruire è infatti quello sabbioso, ricco di acqua nel sottosuolo, e meno pericoloso in caso di alluvione, perché permeabile all'acqua.

Inoltre è fondamentale osservare la differenza di quota del terreno e la sua pendenza: "Se il terreno pende da sud verso nord (*chayatè*) è un buon terreno; se pende da ovest verso est (*yasaasii*) va bene; se pende da nord-ovest verso sud (*yasaasii*) va bene; se la pendenza va dalla direzione Isaan, ossia verso sud-ovest non va bene; se la pendenza va da sud-est verso nord-ovest (*teesong*) non va bene, l'insediamento sarà sfortunato".

Questa tradizione praticata e riconosciuta relativamente alla localizzazione dell'habitat è immediatamente associabile alla necessità di proteggere le case e i villaggi dalle alluvioni frequenti.

Il tentativo di capire quest'insieme ricco di credenze tuttora radicate, apre ambiti di indagine esplorati ancora in modo parziale potrebbe portare ulteriori contributi alla ricerca propria dell' organizzazione spaziale.

---

[10] Le foreste costituivano in passato la metà dell'area ricoperta di vegetazione in Tailandia, ma molte di queste foreste, trovandosi in terreni relativamente accessibili, particolarmente sull'altopiano orientale, sono state abbattute per consentire le coltivazioni agricole. Uno studio delle aree boschive della Tailandia nel 1961 rilevava che il 57% della superficie totale del paese era coperto da foresta. Nel 1974 da una documentazione ottenuta via satellite si mostrava che le aree boschive ammontavano solo al 37% dell'area terriera totale, e secondo i dati più recenti occupa il 25% della superficie complessiva del paese. La maggior parte delle aree boschive devastate sono situate nelle regioni del nord-est e nord. Gran parte del disboscamento è il risultato del taglio illegale degli alberi per scopi commerciali e in secondo luogo dal possesso abusivo delle aree boschive da parte di agricoltori privi di terra, i quali non possedevano alcun mezzo di sussistenza avendo terreni poco fertili, e venivano spesso remunerati da parte dei mercanti per abbattere gli alberi. (C. Cavallaio, F. Cavallaio, *Thailandia Pianificazione economica e problemi di sviluppo*, Sagep Editrice, Genova, 1993)

[11] dalla traduzione del testo tailadese *Cultura del popolo dell'Isaan*

[12] traduzione a cura di Tepin, del testo tailandese, *Cultura del popolo dell'Isaan*.

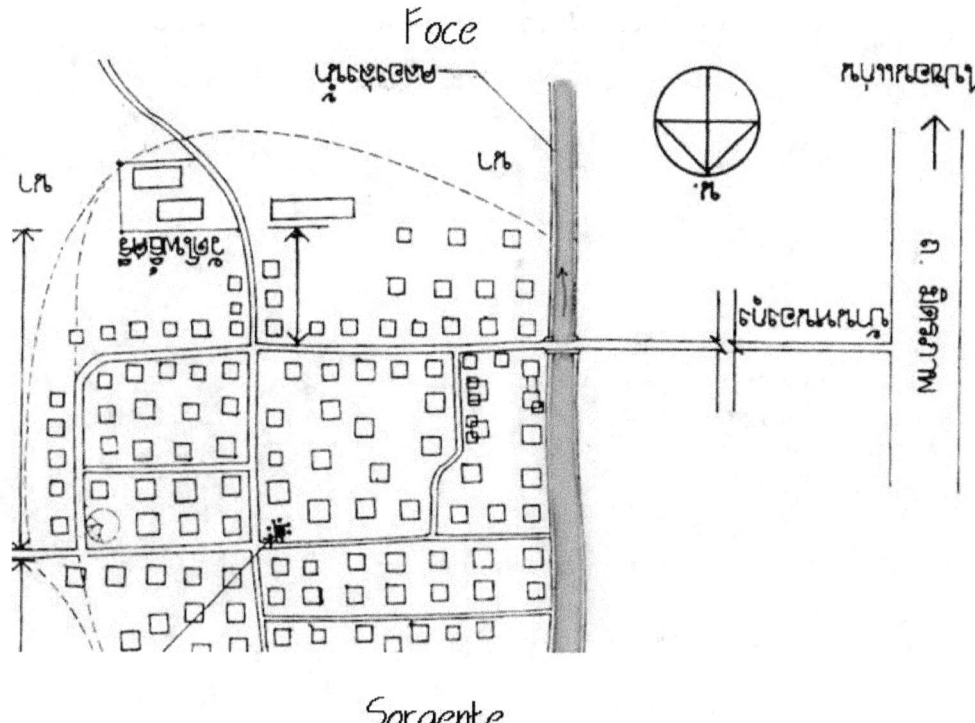

Planimetria di un villaggio del nord est della Tailandia (tratta da un testo tailandese).

Orientamento

Dalla documentazione bibliografica[13] si può affermare che i villaggi del Nord est della Tailandia quando sono posizionati vicini ad un corso d'acqua, riconoscono questo come l'elemento territoriale dominante. Il movimento dell'acqua rappresenta quindi l'asse principale di orientamento, generatore delle direzioni predominanti. Questo asse principale permette di orientare in modo univoco i percorsi e gli edifici, e di associare allo spazio del villaggio un valore temporale, in relazione alla contrapposizione tra la foce e la valle.

Il sistema di orientamento porta inoltre alla distinzione tra la riva insediata (ban) e quella opposta (thaa), da cui ha origine il significato etimologico dell'insediamento[14] .

---

[13] P. Clement, *The spatial organization of the Lao House* in Izikowitz Sorens, *The House in Southeast Asia Anthropological and Architectural Aspects*, Scandinavian Institute of Asian Studies, 1979.

[14] Come si è gia visto, il temine tai-lao usato per indicare il villaggio è *Ban*, che significa riva.

Orientamento del villaggio secondo il corso d'acqua

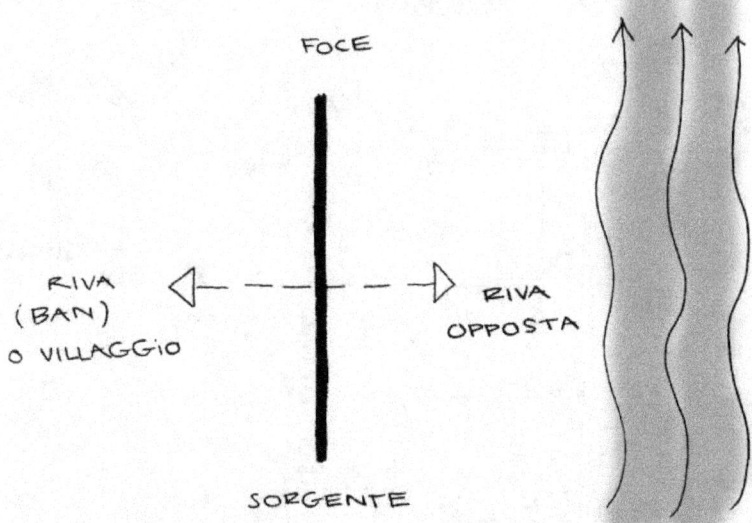

Sistema base di orientamento dei villaggi posizionati vicino ad un corso d'acqua.

Hnùùa e *tae*, sorgente e foce, sono riferimenti non solo spaziali ma anche temporali e sociali. *Hnùùa*, sorgente, significa la zona più alta e più vecchia del villaggio, il suo vertice o la sua testa, e individua la parte superiore del villaggio, quella dove si sono insediati i primi abitanti, rispetto ai quali i nuovi venuti vengano posizionati più in basso.

Tae, la foce, individua invece la parte più bassa del villaggio, la sua coda.

Alla scala territoriale si crea quindi una gerarchia importante che distingue la sorgente dalla foce, l'alto dal basso, la testa dalla coda, e che si ripropone nell'abitazione e nello stesso corpo umano.

Gli studi condotti da Pierre Clement e Sophie Charpenter nell'area di Luang Prabang[15], hanno preso in considerazione la posizione delle persone che riposano all'interno delle abitazioni, registrando delle informazioni interessanti riguardo alla direzione del corpo e della loro testa.

Il riconoscimento di una superiorità dell'alto e della testa, rispetto al basso e ai piedi (o alla coda), che nel caso dell'insediamento lungo il fiume è legato naturalmente a ragioni di tipo pratico, trova ampli riscontri e motivazioni nel sistema religioso e filosofico buddista, che individua nella testa l'elemento più spirituale, sacro e importante, mentre nei piedi l'elemento più materiale e impuro.[16]

---

[15] S.Carpenter, *The Lao House*, in Izikowitz Sorensen, *The House in East and Southeast Asia Anthropological and Architectural Aspects*, Scandinavian Institute of Asian Studies, 1979.

[16] dalla testimonianza del direttore del monastero internazionale di Ubong Rathchatani

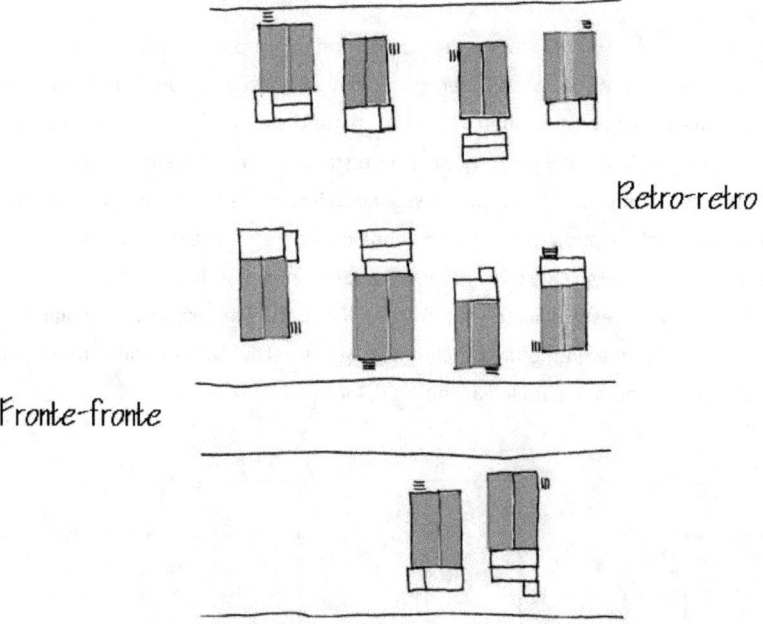

Retro-retro

Fronte-fronte

Sistema di orientamento del villaggio relativamente alle situazioni di vicinato.

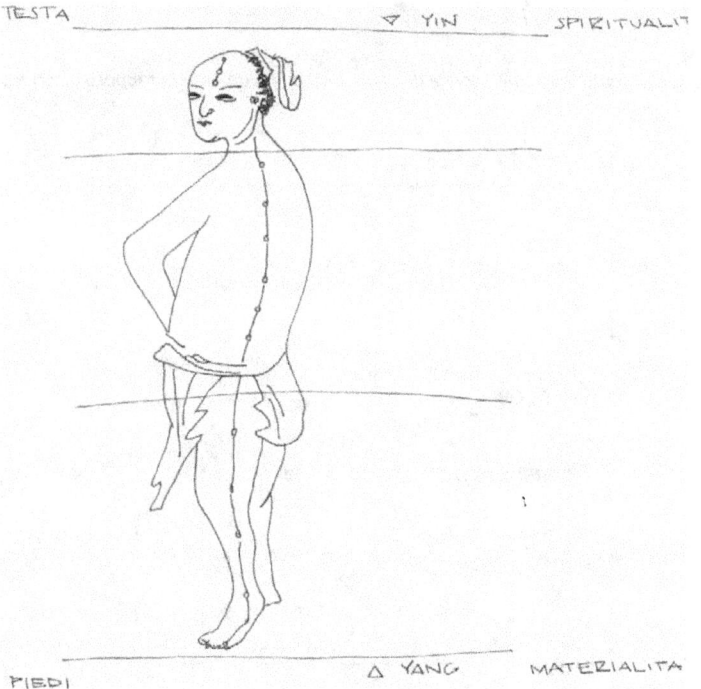

Significato della relazione testa-piedi nella cultura tailandese.

Per la medesima ragione a nessuno è permesso posizionare i propri piedi verso la testa di qualcun altro e ciò non è da tenersi in considerazione soltanto nella propria abitazione, ma anche relativamente alle situazioni di vicinato. Così l'abitante della casa vicina deve seguire la stessa regola e deve posizionarsi quando riposa, con la testa di fronte a quella del suo vicino, e con i piedi di fronte a quelli del suo vicino. Allo stesso modo il retro della casa non può trovarsi davanti al fronte della casa del proprio vicino; il retro di una casa deve essere orientato verso il retro della casa vicina e il frontone verso l'altro frontone, aprendosi entrambi sulla strada.

I documenti bibliografici testimoniano l'importanza di orientare le case di un insediamento situato vicino ad un corso d'acqua, in modo tale che i tetti e i rispettivi colmi siano sempre paralleli alla direzione dell'acqua e, quindi, paralleli anche tra di loro.

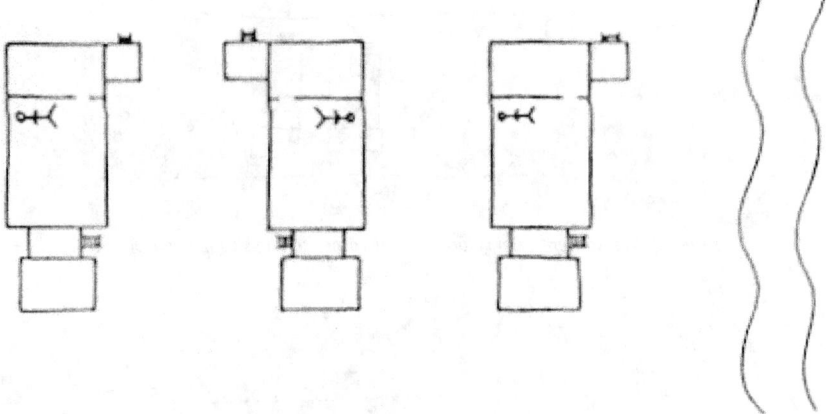

Orientamento delle abitazioni e degli abitanti relativamente ai rapporti di vicinato.

Schema delle regole di orientamento e delle gerarchie spaziali rispettate all'interno dei villaggi

Poiché, come si è detto, la maggior parte dei fiumi hanno un andamento nord-sud, l'asse della casa, risultando sempre parallelo al corso d'acqua, è direzionato nord-sud.

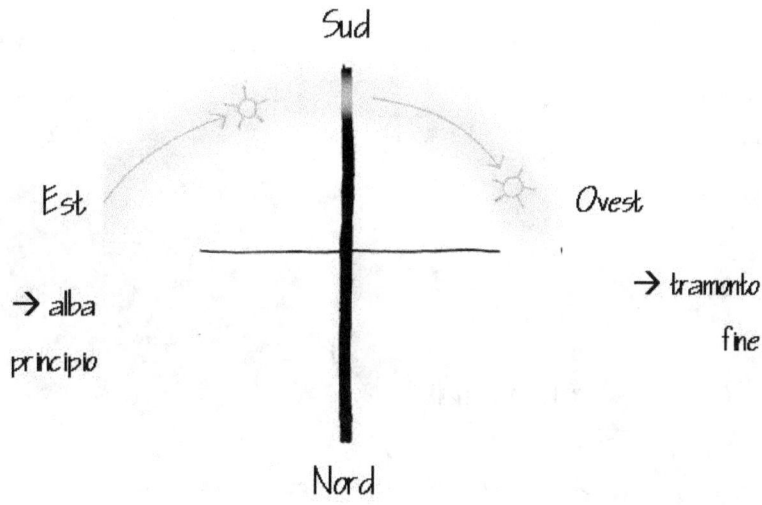

Modello di orientamento dei villaggi in riferimento ai punti cardinali.

I villaggi posizionati sugli altipiani, distanti dai corsi d'acqua, come nel caso del villaggio di Ban Yang Noi, si orientano riferendosi principalmente al corso del sole. Le abitazioni si dispongono in modo che il loro asse longitudinale (che nel villaggio vicino al fiume è parallelo al corso d'acqua) mantenga la direzione est-ovest del percorso del sole, in modo da ottenere la massima estensione degli spazi abitati sui lati nord e sud, che possiedono la migliore ventilazione[17].
La casa in questo modo possiede la superficie minima di esposizione ad est e ad ovest: sono le direzioni più scarsamente ventilate e più colpite dall'irraggiamento del sole basso della mattina e del tardo pomeriggio.
L'orientamento della casa e del villaggio possiede una forte valenza in rapporto alle esigenze del clima tropicale.

---

[17] G.Baruch, *Climate Considerations in Building and urban design*, Van Nostrand Reinhold, London 1998.

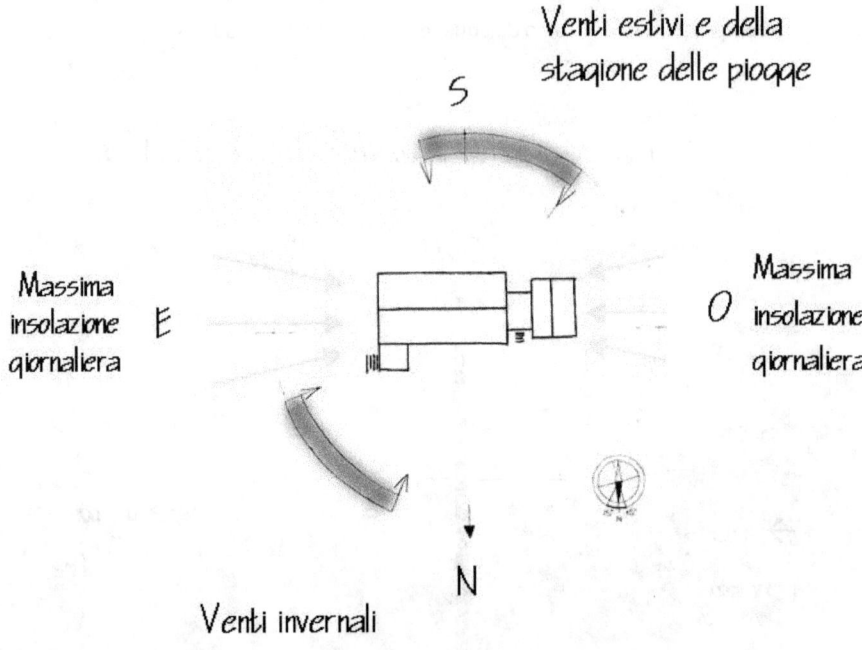

Orientamento delle abitazioni rispetto al corso del sole

Qualunque sia il sistema di riferimento riconosciuto come predominante, l'orientamento rimane fondamentale per l'organizzazione e la crescita del villaggio.

L'orientamento permette di individuare il villaggio come un centro[18], di porlo in relazione a riferimenti assoluti, quali il corso del sole e lo scorrere del tempo, di definirlo quindi come un microcosmo quale riproposizione dell'ordine naturale.

Struttura dei villaggi

I villaggi dell'Isaan hanno un aspetto particolarmente compatto, in cui le abitazioni, rispetto a quelle della Tailandia centrale, sono molto vicine tra loro, rispecchiando il carattere molto aperto e solidale dei suoi abitanti.

---

[18] Sia il villaggio, che la casa che il tempio implicano infatti un orientamento, rappresentano una cosmologia e individuano un centro. Il simbolismo del centro, estremamente chiaro nella costruzione del tempio (infatti è *"centro" ogni spazio consacrato*) è implicito tanto nella costruzione del villaggio come in quella delle case: in un certo senso ciascuna di queste costruzioni spaziali rappresenta il centro del mondo (individuato nella tradizione Khmer dal monte Meru), e determina una possibilità di rottura tra cielo e terra.

Qualsiasi costruzione umana è in un certo senso una ricostruzione del mondo, proiettata mediante il suo rituale di costruzione al centro dell'universo capace quindi di trasmettere l'identità culturale e mentale del popolo che la abita, e soprattutto la sua visione del mondo. (E.Mircea, *Trattato di storia delle religioni*, Bollati Boringhieri, Milano, 1976, p.384)

La forma privilegiata dei villaggi è quella rettangolare o quadrata, suddivisa dalle strade in cellule geometriche pressoché uguali tra loro.

Secondo la credenza comune il terreno deve avere forma della luna o di mezzo limone tagliato, di una barca a vela, di un quadrato o la forma di *so,* che è del pantalone del contadino tailandese.

Il villaggio di Ban Yang Noi presenta una struttura rettangolare allungata che dalla visione planimetrica assomiglia al disegno del fianco di una pistola. Questa forma è stata volutamente concepita dal capovillaggio alla fine degli anni settanta, quando il piccolo insediamento di contadini stava subendo una rapida espansione legata alla nuova economia artigianale della produzione di armi da fuoco. Grazie al collegamento diretto e veloce con la città di Ubon Ratcha Tani, divenuta un'importante base americana durante la guerra del Vietnam, il villaggio intraprese la redditizia produzione di armi e adottò questa particolare forma planimetrica per farsi riconoscere dagli elicotteri statunitensi e agevolare i rifornimenti. Oggi l'artigianato delle armi è quasi completamente scomparso ed è stato parzialmente riconvertito nella produzione di coltelli[19].

Il nucleo originario del villaggio, che si trova attualmente nell'impugnatura della "pistola", si struttura su una maglia rettangolare, ma i cui margini smussati si adattano alle linee di livello del terreno; è quindi un'area dalla geometria meno rigida, più vicina ai contorni curvilinei delle risaie. Questo primo nucleo insediativo posizionato in una zona sopraelevata rispetto al resto del territorio ha come direttrici i percorsi minori delle risaie, orientati approssimativamente nella direzione est-ovest. All'interno della zona più antica del villaggio si trovano, in posizione centrale, sia il tempio, che il mercato, posti l'uno di fronte all'altro rispetto ad una strada che taglia perpendicolarmente la statale e che fino a ciquant'anni fa rappresentava il principale collegamento ai villaggi vicini. La successiva espansione avviene invece, per l'intensificarsi del commercio, lungo la strada statale in direzione della città di Ubon Ratchathani, relazionandosi quindi in modo meno diretto al territorio circostante. La parte più recente del villaggio si sviluppa ad una quota più bassa rispetto al nucleo originario e ha un impianto geometrico marcatamente rigido. La griglia regolare delle strade determina la suddivisione del villaggio in isolati rettangolari, così ben definiti esternamente dalle stesse strade in terra battuta, ma altrettanto caotici e disordinati al loro interno: abitazioni, magazzini, stalle, animali da cortile, cisterne e quant'altro, convivono in mezzo ai vari "livelli" di vegetazione, dal prato ai fiori delle aiuole, dagli alberi da frutto a quelli più propriamente utili a far ombra.

---

[19] Fino a 20 anni fa il 90% degli abitanti di Ban Yang Noi erano fabbricanti di armi, attualmente il 10% della popolazione si occupa della produzione di coltelli mentre la maggioranza, ovvero il 90% della popolazione , sono coltivatori di riso. (dalla testimonianza diretta del capovillaggio).

Le vie ad angolo retto sembrano inizialmente tutte simili: tracciati geometrici sprovvisti di qualità proprie. Eppure alcune sono centrali, altre periferiche, alcune parallele ed altre perpendicolari alla strada rotabile esterna. Le funzioni commerciali si svolgono quasi sempre nelle vie parallele al senso del traffico, perché sono necessariamente le più frequentate.

Nella forma del villaggio, come in quella della casa e del tempio il motivo dominante è la rappresentazione della totalità dello spazio e quindi del cosmo: il villaggio diventa una rappresentazione del cosmo, un cosmo riflesso, un cosmo parallelo[20]. Questa rappresentazione è riconducibile alla forma quadrata, che allude a quella della terra, che nella cosmologia tailandese è infatti quadrata, mentre il cielo è rotondo.[21]

Lo spazio pubblico

In Tailandia, fino al 1942, tutti i terreni appartenevano al re[22]. Questa permanenza storica ha fatto in modo che non vi sia oggi un'idea radicata di spazio pubblico, e che l'attuale concezione di proprietà privata sia relativamente debole. La tradizione era basata su un diritto più di usufrutto che di proprietà, mediante il quale ogni famiglia contadina era libera di occupare una zona di terre vergini che sfruttava mediante la coltivazione itinerante. Allo stesso modo le abitazioni su palafitta venivano collocate provvisoriamente nelle aree vicino ai campi coltivati, e a seconda della necessità erano smontate e spostate nelle zone più fertili. Essendo ogni terreno di proprietà del re, l'unico luogo privato era quello interno all'abitazione, che si trovava quindi ad una quota superiore rispetto a quella del suolo, le cui ulteriori distinzioni di quota definivano la minore o maggiore riservatezza degli ambienti della casa. Il piano terra, ovvero quello al di sotto della palafitta era uno spazio semi-pubblico o pubblico dove anche gli estranei potevano fermarsi e sostare[23]. Con l'aumento della popolazione, facendosi più scarse le terre disponibili, la coltivazione itinerante è stata a poco a poco respinta nelle aree marginali, e, all'inizio dello scorso secolo, è stato introdotto il diritto di proprietà su gran parte dei terreni coltivati.

Questo passato politico ed economico ha portato ad una distinzione labile tra spazio privato e pubblico, e alla mancanza nei villaggi di un luogo pubblico caratterizzato dal punto di vista urbanistico (come invece può essere la piazza italiana). Attualmente nei villaggi il tempio e il mercato rappresentano gli unici spazi pubblici esistenti.

---

[20] Le forti influenze cinesi e indù sull'area del Nord est della Tailandia, fanno si che in concomitanza con l'insediarsi vi sia spesso l'idea della corrispondenza tra il cosmo, la casa (il tempio o il villaggio) e il corpo umano.

[21] C. Aasen, *Architecture of Siam, a cultural History Interpretation*, Oxford University press, Kuala Lumpur, 1998.

[22] Dalla testimonianza di Ratchaporn, docente della Chulagakorn University di Bangkog.

[23] *Idem*

Organizzazione interna di un villaggio tailandese.
(da: F. Ratti (a cura di), *Thailandia*, *Le guide Mondatori*, Arnoldo Mondatori, Verona, 1997)

Il mercato

Il mercato, che è l'avvenimento settimanale più importante, anima il villaggio nelle prime ore dell'alba, dalle 4 alle 8 della mattina, in un luogo che è solitamente adiacente al tempio. Lo spazio coperto da una tettoia o completamente aperto, ombreggiato da alberi e teli colorati, si trasforma in un universo formicolante e geometricamente ordinato, nel quale i banchi si dispongono seguendo una griglia rettangolare che ricorda la struttura del villaggio. Questa grande occasione della vita collettiva e pubblica mostra come il regime economico e produttivo del villaggio sia rimasto ancora individuale, e come l'economia sia sostanzialmente basata sull'agricoltura e sullo scambio interno dei prodotti. Ogni banco di vendita riflette l'originalità del suo proprietario, che solitamente offre al cliente l'eccedenza della propria attività agricola e domestica: due caschi di banane, una dozzina di uova, un pugno di peperoncini, qualche sacchetto di pop-corn, alcuni dolci di riso confezionati con foglie di banana ad opera della venditrice, cibo fritto al momento, alcuni cesti di bambù intrecciato, verdura e frutta raccolta dal giardino della propria casa, il riso dolce ed appiccicoso tipico della zona (*stiki rice*) cucinato e venduto dentro le canne di bambù. La merce viene esposta sui tavoli domestici di legno e bambù (*teang*), bassi, ampli e facilmente trasportabili; o semplicemente su lenzuoli, distesi sulla terra battuta dello spazio dedicato al mercato. Ognuna di queste piccole esposizioni è un umile opera d'arte che esprime gusti e attività diverse, che testimonia l'equilibrio di ciascuna produzione e la libertà conservata da tutte.

    ▢   ▢   ▢   IL TEMPIO

Il villaggio si struttura attorno al tempio, che possiede la funzione di centro reale e simbolico, di elemento generatore dello spazio, che influisce sull'orientamento e sul sistema di relazioni circostanti.

Il villaggio molto spesso si sviluppa attorno ad uno spazio sacro già presente sul territorio, altre volte è il tempio a sorgere vicino ad un primo nucleo di abitazioni nate dall'aggregazione di case provvisorie costruite vicino ai campi di riso. I templi si distribuiscono quindi in modo omogeneo su tutto il territorio, lungo la fitta rete di villaggi e di piccoli nuclei abitati.

All'interno di ogni villaggio il tempio rappresenta lo spazio pubblico, aperto a tutti gli abitanti, il fulcro delle relazioni, degli incontri e della vita comunitaria, ha perciò un ruolo centrale.

Il tempio è sinergicamente collegato alla vita delle persone, lo dimostra il fatto che il 10% circa della popolazione maschile vive in monastero, e solitamente chiunque ne ha la possibilità vi trascorre almeno qualche mese durante l'adolescenza. Questa usanza, tuttora frequente, è probabilmente collegata al fatto che in passato l'educazione avveniva esclusivamente all'interno dei templi, per cui occorreva entrare in monastero allo scopo di studiare[24]. Ma anche in età adulta è abitudine tuttora praticata quella di trascorrere qualche periodo di ritiro e meditazione in monastero[25].

Tutti i templi tailandesi sopravvivono per volere della popolazione, che si esprime concretamente giorno per giorno con il riempimento delle ciotole vuote dei monaci, i quali sopravvivono grazie alle offerte di cibo degli abitanti [26].

All'interno del tempio, che è uno dei luoghi più animati, sia nelle campagne che nelle città, si trovano spesso mendicanti e piccoli mercanti, che vendono cibo per i pellegrini e offerte per il Buddha[27].

Suan ahan, che significa letteralmente "l'atto del mangiare in un padiglione o in un giardino di un Wat" consiste nell'organizzare grandi pranzi comunitari all'interno dello spazio del tempio in cui è

---

[24] Fino al 1920, quando Rama IV ha introdotto l'istruzione obbligatoria, il Tempio rappresentava l'unica fonte di istruzione del paese.

[25] Molto spesso anche oggi i ragazzi entrano in monastero all'età di quattordici anni e vi restano finché non hanno compiuto tutte le tappe necessarie per essere ordinati, cosa che avviene attorno ai vent'anni, dopodiché la maggior parte esce dai monasteri e si sposa.

[26] Tutte le mattine i monaci girano tutto il territorio di loro pertinenza per raccogliere doni di cibarie.

[27] L'offerta più diffusa è quella di una sottilissima foglia d'oro, delle dimensioni di un francobollo, che i fedeli attaccano sulle statue del Buddha, che ne risultano così completamente ricoperte, almeno fin dove arrivano le braccia tese. Le figure più venerate hanno su tutto il corpo uno strato spesso di queste foglie d'oro, che le rendono luccicanti anche nella semioscurità dei templi. Altre offerte sono candele e bastoncini di incenso profumato e dei dolci colorati, confezionati in diverse forme simboliche che vengono posti ai piedi delle statue, fino a creare delle alte pile.
(A. Marazzi, *Sud-est Asiatico,* dalla collana *Popoli del mondo,* a cura di L. Grottanelli, De Agostini, Novara, 1981*).*

anche possibile acquistare cibo. Questa funzione si svolge soprattutto la domenica ed è molto radicata nella cultura tailandese.[28]

Pranzo comunitario (Suan ahan) all'interno del padiglione di un tempio buddista, in un murale del XIX secolo (da: F. Ratti (a cura di), Thailandia, Arnoldo Mondatori editore, Milano, 1997)

Il tempio e la spiritualità sono presenti in ogni aspetto della vita quotidiana, tra i quali una particolare importanza ha il cibo ed in particolare il riso, che assume spesso, al pari dell'acqua e degli altri elementi naturali, un forte significato spirituale.

Il ciclo del riso, governato dai monsoni, rappresenta, per la credenza tailandese, il ciclo della vita da cui dipende la salute, la ricchezza e la felicità, assume perciò un forte significato simbolico.

Il chicco contiene uno spirito (*kwan*) ed è piantato nella stagione della pioggia per divenire fecondo. Per questo motivo i *cho na,* i coltivatori di riso, pregano lo spirito del riso prima della

---

[28] S. Rutherford, *Insight Guides, Thailandia*, Il sole 24 ore, Insight Print Service, Singapore, 2001.

coltivazione e adorano spiriti legati al terreno, all'acqua (*Naga*[29]), ai monsoni, dai quali dipende l'abbondanza del raccolto.[30]

Medicina tradizionale e massaggi all'interno di un padiglione del tempio (foto: S. Riccardi)

Il tempio era anticamente l'unico luogo legato alla cura, dove veniva praticata una medicina che era un insieme di pratiche magico-religiose, strettamente legate alla cura dello spirito, fuse a rimedi empirici e istintivi. La malattia era concepita come la perdita momentanea della propria essenza più profonda, l'anima; la guarigione, invece era vista come il ricongiungimento del corpo con l'armonia del mondo, sulla base di una visione religiosa fondata sull'idea di unità organica tra macrocosmo e microcosmo [31].

Il concetto di cura praticata all'interno dei templi consisteva in un recupero legato non solo al corpo ma anche all'anima e quindi attraverso un percorso spirituale oltre che fisico.

Nel tempio, che era anche lo spazio in cui veniva coltivata la cultura e la conoscenza, sono nate e si sono sviluppate le prime scuole di massaggi, che sono ancora oggi le più prestigiose. Nel *Wat Poh* di Bangkok, ad esempio, un piccolo tempio interamente dedicato alla cura, le cui pareti sono

---

[29] Il *Naga*, il serpente mitico, è l'emblema dell'acqua, possiede infusa la forza sacra dell'abisso; attraversando i fiumi distribuisce la pioggia, l'umidità, le innondazioni, e regola così la fecondità del mondo. E. Mircea, *Trattato di storia delle religioni*, , Bollati Boringhieri, Milano 1976, pp. 215-216

[30] L. Rishoj Pedersen, *The influence of the spirit world on the abitation of the Lao Song Dam, Thailand*, in Izikowitz Sorensen, *The House in East and Southeast Asia Anthropological and Architectural Aspects*, Scandinavian Institute of Asian Studies 1979.

[31] dalla testimonianza del monaco del monastero internazionale di Ubon Ratchatani

ricoperte da rappresentazioni iconografiche, riguardanti lo studio dei vari punti del corpo in relazione alle tecniche di massaggio e di agopuntura, testimonia lo stretto legame tra la religione e la medicina tradizionale[32].

Immagine iconografica sulle pareti di un padiglione del Wat Pho destinato alla medicina tradizionale, in cui sono studiati i punti del corpo da massaggiare (foto: S. Ombellini)

Struttura generale del tempio

I templi secondo la tradizione fungevano da scuole, centri di aggregazione sociale, ospedali, luoghi di cura, di svago e di apprendimento della dottrina di Buddha. Il *wat* (che significa tempio in tailandese) è una grande struttura chiusa da un muro formata da molti edifici, situata solitamente in un luogo tranquillo divenuto ritrovo per la vita sociale e spirituale. All'interno del *wat* si trovano una o più sale di riunione dei fedeli (*vihan*), il padiglione riservato alla riunione dei monaci (*bot*), il campanile, la biblioteca, gli alloggi dei monaci (posti all'interno di un altro recinto chiamato *sanghawat*), la scuola, i monumenti (*chedi*) contenenti le reliquie di Buddha, dei re o delle persone famose e i *saala* minori utilizzati come luoghi d'incontro anche per i pranzi comunitari. Ogni periodo della storia tailandese è stato testimone di considerevoli mutazioni nell'architettura dei *wat*, i cui stili variano notevolmente. Tuttavia il progetto basilare del *wat* rispetta la struttura, la forma e la simbologia del tempio khmer, influenzata e rielaborata da quella cinese e thai.

---

[32] F. Ratti (a cura di), *Thailandia, Le guide Mondatori*, Arnoldo mondatori, Verona 1997, p.88

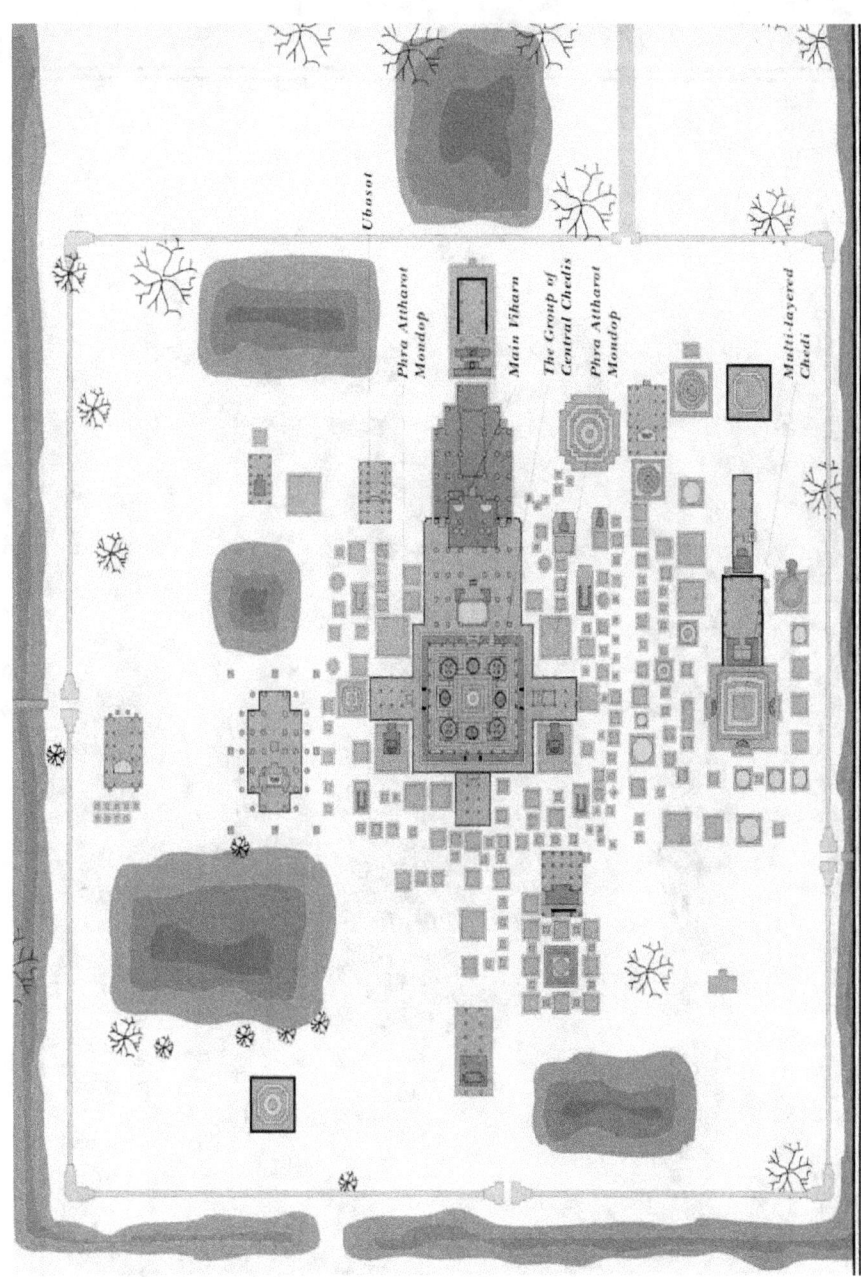

Planimetria Wat Mahatan
(da: E. Moore, Ancient Capitals of Thailand, Thames and Udson, London 1996)

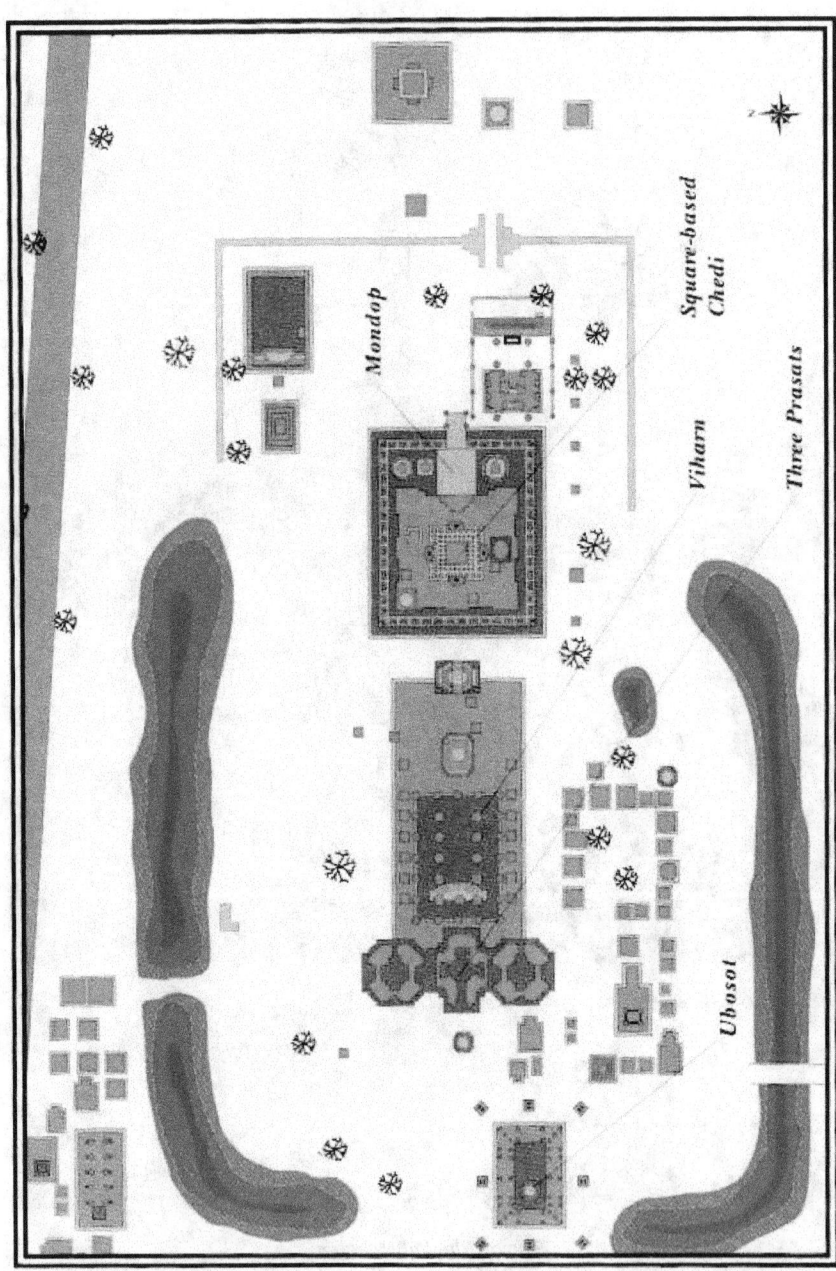

(E. Moore, Ancient Capitals of Thailand, Thames and Udson, London 1996)

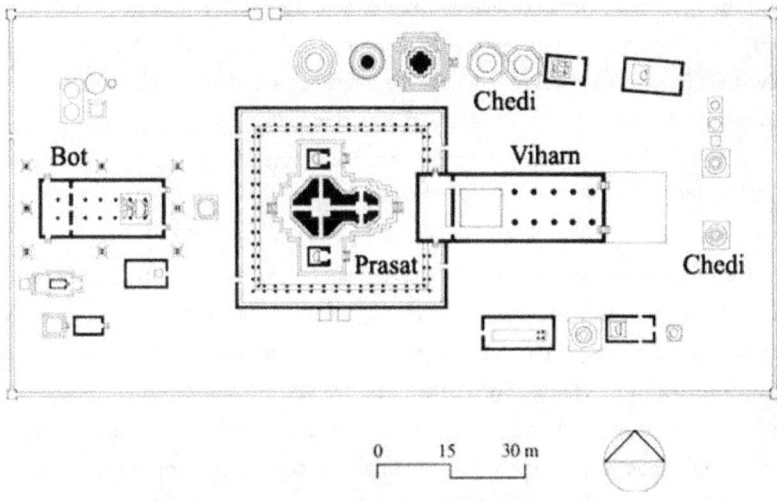

Planimetria di un Wat
(da: C. Aasen, Architecture of Siam, Oxford University press, Kuala Lumpur, 1998, p.46)

Il tempio khmer

La cultura e l'architettura sacra Khmer[33] hanno originato la struttura attuale dei templi buddisti del nord est della Tailandia. Questa influenza indiana si rintraccia nella concezione dello spazio sacro buddista, nelle caratteristiche fondamentali del *wat* (il limite, l'orientamento, la centralità, la simbologia), e in alcuni elementi architettonici e artistici specifici (lo *stupa*, il *naga*, le immagini del loto e del Buddha).

La struttura del tempio Khmer riprende quella del mandala indiano, posizionato orientato secondo i quattro punti cardinali, in ognuno dei quali vi è una porta che simbolizza l'apertura sulla volta celeste, l'arcobaleno attraverso il quale avviene il contatto tra il Dio e gli uomini. Il tempio rappresenta il paradiso indiano, ed è per questo concepito come un microcosmo, un modello dell'universo interpretato secondo la cosmologia indiana. La sua forma è sempre rettangolare e nel suo centro vi è il santuario, che rappresenta la sede della divinità, la montagna sacra, il pilastro del mondo. Attorno a questo santuario, un semplice o più complesso muro di recinzione rappresenta la cerchia di montagne che racchiude il mondo terreno: attorno a queste vi sono vasche d'acqua, in quanto gli indiani credevano che il mondo fosse circondato da ogni parte da oceani.

Nel tempio Khmer l'edificio principale (*prasat*) che appare rigorosamente centrato e orientato secondo i quattro punti cardinali, rappresenta l'immagine del Monte Meru, ovvero del centro del mondo su cui ha sede la divinità [34].

---

[33] I Khmer hanno dominato la regione nordest della Tailandia dal VII al XII secolo (Vedi Cap.*influenze indiane e khmer*).

[34] Il santuario-montagna era una costruzione formata da una piramide a ripiani che poteva essere coronata sulla sommità, da cinque *prasat* (torri in laterizio a pianta quadrata) disposti a quinconce.

In questo modo il tempio, che costituiva il centro della città Khmer, rappresenta il "centro ideale del mondo", in corrispondenza del quale si innalzava l'edificio sacro a forma di piramide che racchiudeva l'idolo in cui si riteneva risiedesse il principio stesso della regalità [35].

Il simbolismo della montagna, considerata punto d'incontro tra il cielo e la terra, e quindi "centro", punto per il quale passa l'asse del mondo, è stato trasmesso agli edifici del tempio buddista. [36]

Il concetto della montagna sacra Khmer è ripreso nei templi buddisti attraverso gli *stupa*, i monumenti destinati a contenere le reliquie di Buddha, dei re o dei personaggi importanti.

Nel tempio tailandese vi sono due tipi di stupa fondamentali: il *chedi* e il *prang*. Il primo ha le caratteristiche del classico stupa indiano, può essere semplicemente imbiancato a calce o riccamente coperto da sottili foglie d'oro o da mosaici di vetro [37].

La staticità propria del modello sacro khmer, dovuta alla costruzione di una struttura di tipo metafisico, ne ha impedito alterazioni fondamentali nel corso dei secoli o col mutare degli stili. Sul piano religioso la ripetizione non è infatti considerata un segno di debolezza, ma ha un valore di rito sacro.

---

[35] Questa essenza di regalità, da cui il sovrano traeva il suo nutrimento spirituale, era materializzata, nel periodo che va dal IX al XI secolo, da un *linga*, l'emblema fallico del dio Shiva. Il *linga*, collocato nel tempio costruito al centro della città regale, era il prototipo eterno del re terreno, che era solo la sua emanazione, e veniva per questo sostituito ad ogni successione (il precedente diveniva l'immagine funeraria del re defunto). Alla fine del XII secolo, quando il re Jayavarman VII adattò il culto regale al buddismo, il *linga* prese l'aspetto di un'immagine del Buddha. (B. Dagens, *Angkor la foresta di pietra*, Universale Electa/Gallimard, Trieste 1995).

[36] I *prang*, i *chedi* e in generale tutti gli edifici sacri presenti all'interno del tempio sono infatti parificati alle montagne e diventano essi stessi "centri". (M.Eliade, *Trattato di storia delle religioni*, Bollati Boringhieri, Milano 1976, pp. 111-112)

[37] Il *chedi* deriva dallo *stupa* indiano, il tumulo che ospitava i resti di un defunto importante, utilizzato per raccogliere le ceneri del Buddha (in otto *stupa*), e divenuto per questo il monumento emblematico del buddismo. (A. Snodgrass, *The Symbolism of the Stupa*)

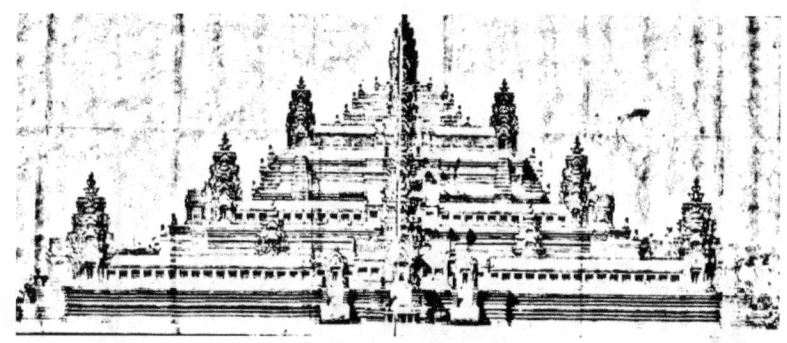

Alzato di un tempio Khmer
(da B. Dagens, Angkor la foresta di pietra, Universale Electa/Gallimard, Trieste 1995)

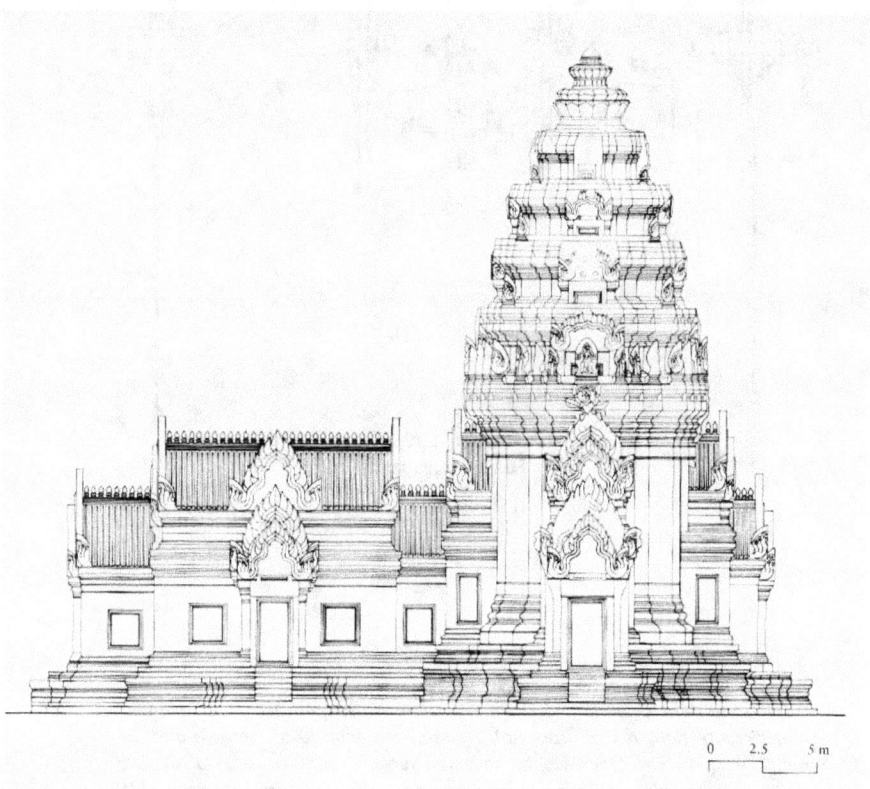

Prospetto nord del prang del tempio khmer di Phimai. La copertura dell'edificio in pietra è riccamente decorata e termina nella parte superiore con un bocciolo di loto.
(da: C. Aasen, Architecture of Siam, a cultural History Interpretation, Oxford University press, Kuala Lumpur 1998, p.47)

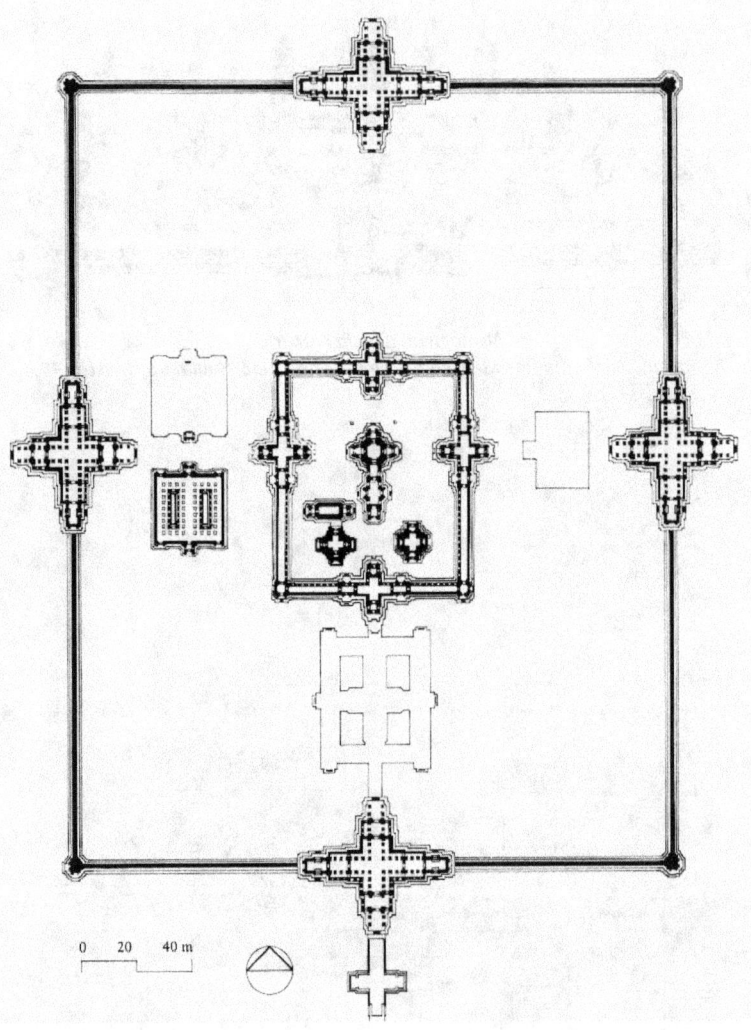

Planimetria del tempio khmer di Phimai (situato nel nord est della Tailandia, non distante dall'area di progetto). Il perimetro esterno di pietra è alto 3,5 metri e permette l'ingresso attraverso quattro gopura, ovvero quattro padiglioni coperti posti in corrispondenza dei punti cardinali. Al centro del perimetro è posizionato il santuario principale, che è una struttura in pietra orientata nord-sud. (da: C. Aasen, Architecture of Siam, a cultural History Interpretation, Oxford University press, Kuala Lumpur 1998, p.46)

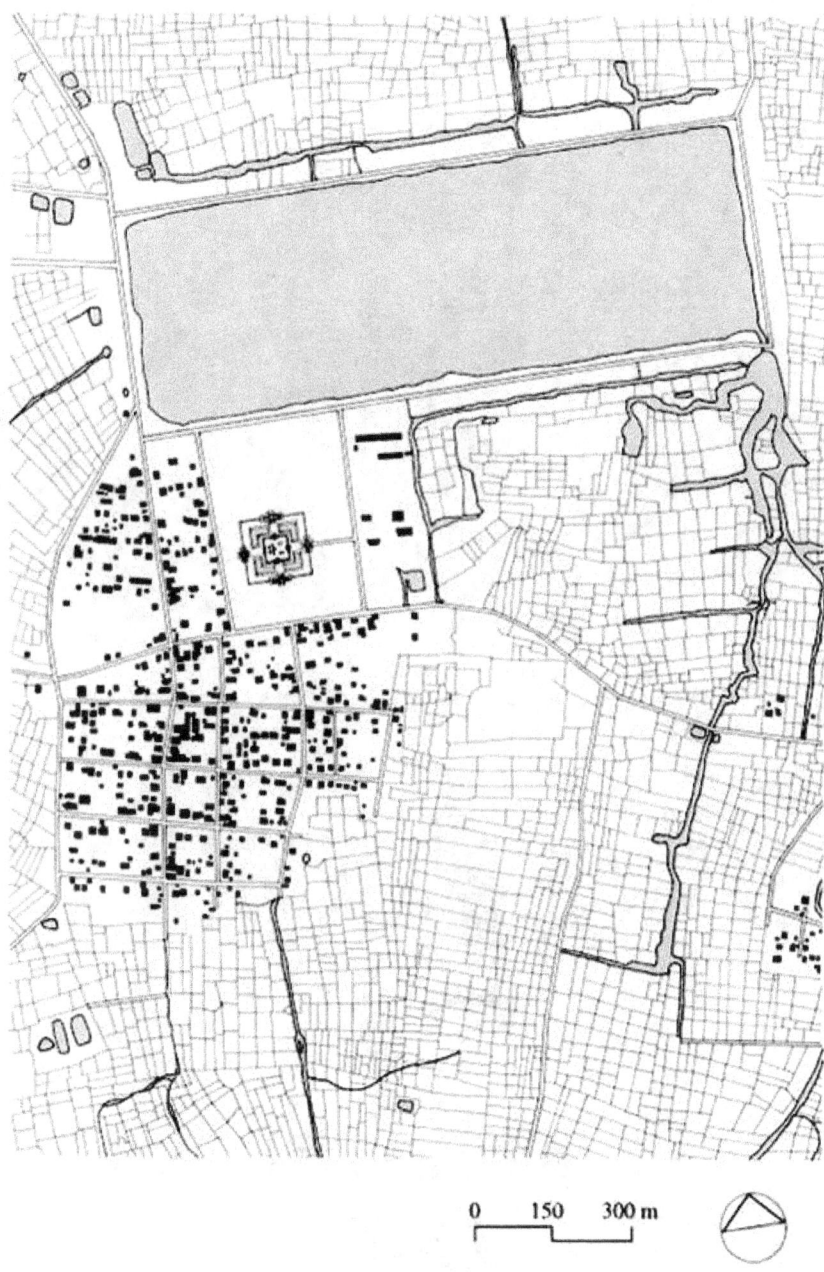

0   150   300 m

Planimetria del villaggio del tempio khmer di Muang Tam
(da: C. Aasen, Architecture of Siam,, Oxford University press, Kuala Lumpur 1998, p.49)

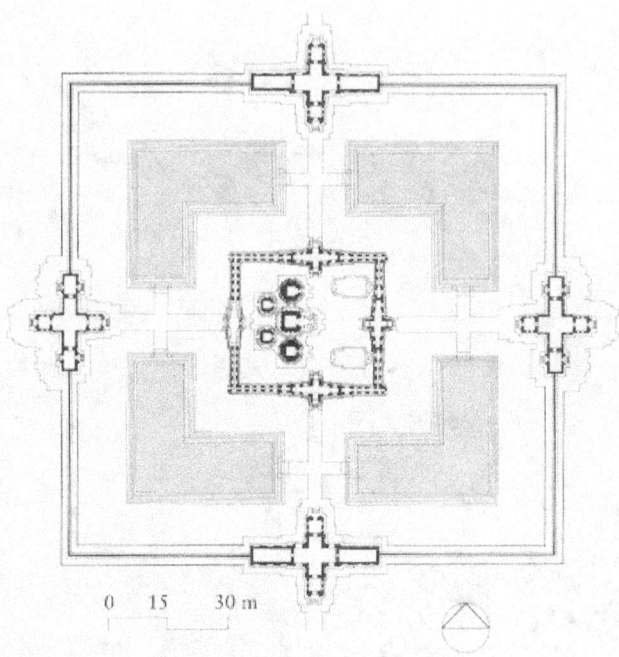

Planimetria del tempio khmer di Muang Tam
(da: C. Aasen, Architecture of Siam, Oxford University press, Kuala Lumpur 1998, p.49)

Pianta e alzato di un Prang, il santuario centrale del tempio Khmer
(da B. Dagens, Angkor la foresta di pietra, Universale Electa/Gallimard, Trieste 1995)

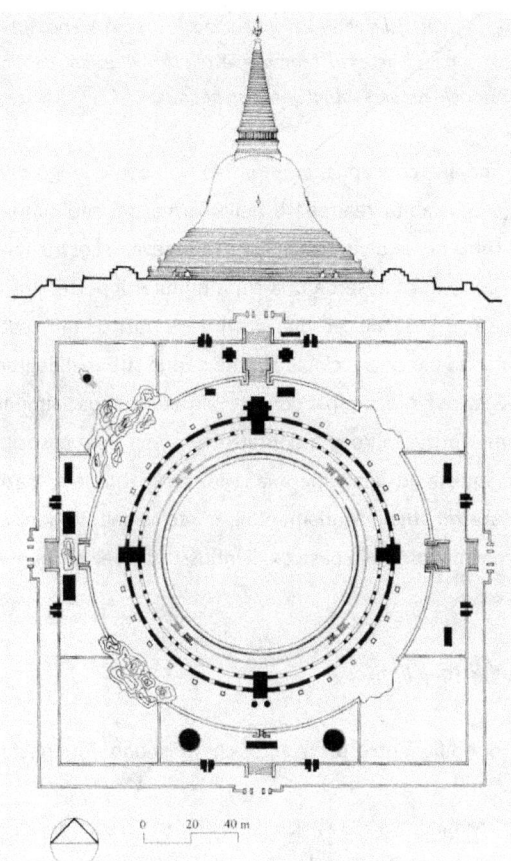

Pianta e alzato del chedi di Phra Pathom
(da: C. Aasen, Architecture of Siam, Oxford University press, Kuala Lumpur 1998)

La
for
ma
del
Che
di,
che
era
orig
inar
iam
ent
e un

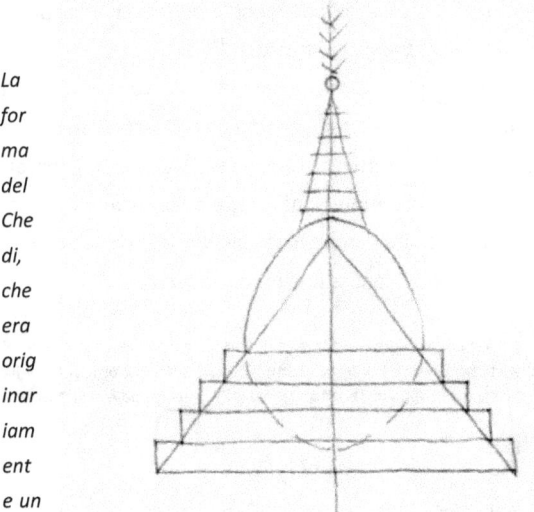

tumulo conico di terra contenente le reliquie di Budda, rispecchia una precisa simbologia cosmologica data dai tre ordini sovrapposti: la superficie centrale simbolizza la forma sferica del cielo, la base quadrata simboleggia la terra le cui porte di accesso segnano le quattro direzioni cardinali, l'altissimo pinnacolo formato da una spirale a 33 anelli rappresenta il paradiso buddista.

Gli Khmer, come già gli indiani, concepivano il tempio non come luogo di riunione dei fedeli, ma come dimora del dio (che vi abita realmente nella forma del suo simulacro), perciò il tempio khmer comprendeva la torre per la divinità a cui si aggiungevano costruzioni secondarie, destinate a conservare oggetti di culto, racchiuse da una cinta munita di porte. Entro una seconda cinta vi erano le abitazioni dei sacerdoti, musici, danzatori e danzatrici; tali costruzioni, realizzate con materiali deperibili, non sono più rintracciabili perché hanno subito il degrado del tempo .

Il tempio buddista, invece, pur rifacendosi concettualmente e spazialmente al tempio Khmer, è concepito non solo come luogo sacro ma soprattutto come spazio sociale, vissuto da tutta la comunità. Il tempio tailandese attuale supera la rigidità strutturale e spaziale del tempio Khmer, pur conservandone le caratteristiche fondamentali: la recinzione, l'orientamento, la centralità, la simbologia; ma re-interpretandole sulla base degli influssi culturali birmani e cinesi [38].

Caratteri del tempio buddista: il limite

"Un Wat è un insieme di edifici entro un *recinto*, che formano il monastero Buddista, tempio e centro della comunità" [39].

L'origine semantica del termine *tempio* si ricollega all'idea di confine, di recinto e di limite. La parola di origine greca *"temenos"* indica la *sfera che delimita l'ambito del culto, separato dal mondo esterno tramite mura*[40]. In latino la parola *Templum* significa originariamente il recinto sacro destinato alla "contemplazione" del cosmo[41].

Il tempio rappresenta un recinto sacro, "uno spazio da cui sono state eliminate le influenze degli spiriti maligni, e in cui i rituali possono essere compiuti senza impedimenti o pericoli; è uno spazio cosmico, distinto dall'estensione esterna di spazio senza limite e struttura"[42] .

Il muro, in legno o in mattoni e stucco, rende riconoscibile lo spazio sacro sia dal caos informe di Bangkog, che dall'uniformità cromatica e materica delle case comuni del villaggio. Il *wat* si presenta dall'esterno come un insieme policromo di tetti con decorazioni e frontoni dorati ricoperti da tegole rilucenti, di torri e pinnacoli verticali immersi nel verde delle palme, dei fichi sacri, dei banani, il tutto racchiuso da un recinto. Il limite dà unitarietà all'insieme, contrasta con la forte verticalità degli edifici interni, definisce e rende riconoscibile lo spazio sacro.

---

[38] L'influsso cinese sugli stili architettonici khmer è particolarmente evidente nell'uso di piastrelle colorate e di monumenti dorati che sono oggi due tra le caratteristiche peculiari dell'architettura religiosa thai,soprattutto nella regione centrale. L'influenza dell'arte cinese cominciò ad affermarsi in Tailandia verso il XIV secolo, ed è testimoniata dall'utilizzo degli stessi materiali da costruzione.

[39] M. Bussagli, *Architettura Orientale* Milano, Electa, 1981

[40] H. Biedermann, *Enciclopedia dei simboli,* Garzanti, 1991

[41] T. Burckardt, *Principes et Mèthodes de l'Art Sacré*, Paul Derain, Lyon, 1976

[42] A. Snodgrass, *The Symbolism of the Stupa*, NY, Studies on Sud-Est Asia, Cornell University, 1985

Le porte d'ingresso al recinto sono il più delle volte sormontate da guglie che assomigliano agli aguzzi copricapo tailandesi o alla testa appuntita delle statue del Buddha.

La forma spiralica della testa del Buddha è il segno simbolico dello spirito che si innalza in coloro che hanno raggiunto l'illuminazione, è ripreso nelle coperture degli ingressi e dei monumenti sacri (stupa).

Le porte inserite nei muri di confine esterno dei templi sono spesso ispirate ai *gopura*, i padiglioni di ingresso dei templi induisti, che avevano doppia funzione di porta e di santuario ospitante le divinità guardiane del tempio. Le porte sono sorvegliate da enormi giganti di pietra, che spesso sono la rappresentazione di antichi guerrieri dalla fisionomia cinese, o di demoni dell'antica mitologia siamese, capaci di tenere lontano gli spiriti maligni.

Il limite è un segno fortemente caratterizzante l'architettura tailandese: sia il recinto in legno delle abitazioni, che il muro policromo dei templi buddisti o quello in laterite degli antichi templi Khmer, hanno entrambi lo scopo di definire un microcosmo e di tutelare il sacro dal pericolo cui si esporrebbe penetrandovi senza avvedersene [43].

Il limite è l'elemento fondamentale del tempio, e può essere riproposto al suo interno anche più volte, per rafforzare la valenza sacra dello spazio che questo racchiude, o connotare uno spazio particolare.

---

[43] "Il sacro è sempre pericoloso per chi entra in contatto con esso senza preparazione, senza aver compiuto i movimenti di approccio richiesti da qualsiasi atto religioso", Elide Mircea, *Trattato di storia delle religioni*, p.381

Un muro o un chiostro, chiamato *phutthawat*, racchiude spesso la parte principale e centrale del tempio; il recinto chiamato *sanghawat* è invece quello che delimita l'area riservata agli alloggi e ai dormitori dei monaci.

Elemento simbolico posto all'ingresso del tempio per allontanare le
influenze negative degli spiriti e proteggere lo spazio sacro interno.
(da: C. Aasen, Architecture of Siam, a cultural History Interpretation,
Oxford University press, Kuala Lumpur, 1998)

Le pietre sacre di confine, in tailandese *bai sema*[44], sono usate per delimitare il terreno consacrato dell'edificio destinato ai monaci (*bot*). La posizione di queste pietre di confine, che originariamente sono otto, rivolte verso i quattro punti cardinali e i quattro punti sussidiari, riprende il diagramma sacro dei '*guardiani dello spirito*' indiani[45].

---

[44] Il termine *bai* o *foglia*, si riferisce alla loro forma sottile, che ricorda quella naturale. L'uso di pietre *sema* in Tailandia risale al VII secolo a. C., e in origine potevano misurare fino a 2 metri di altezza. La dimensione delle pietre è stata ridotta gradualmente, poiché queste venivano posizionate più ravvicinate ed erano ricavate dalla pietra di scisto invece che di arenaria.

[45] Vedi Cap. *Origini Khmer e influenze culturali indù*

Pietra sacra di confine (bai sema) che delimita lo spazio di preghiera dei monaci(bot), il cui accesso non è consentito ai laici, all'interno del tempio (da: C. Aasen, Architecture of Siam, a cultural History Interpretation, Oxford University press, Kuala Lumpur, 1998)

L'edificio sacro dedicato alle riunioni dei monaci (in thai: *Bot*[46]) è sempre rivolto verso est e contiene al suo interno l'immagine più importante del Buddha. L'influsso culturale indiano, tuttora molto forte nell'architettura religiosa tailandese, ha portato a considerare l'est la direzione privilegiata, quella in cui si trova l'ingresso principale al tempio e ai padiglioni. L'est è associato a Idra, la divinità principale indù, e rappresenta per i tailandesi la direzione della nascita del Buddha. Per questo motivo ogni statua sacra all'interno dei padiglioni è posizionata con la schiena vicino alla parete ovest, che è sempre chiusa, e la fronte rivolta all'ingresso principale verso est.

I monaci o coloro che dormendo vogliono raggiungere un sonno meditativo devono, secondo la credenza religiosa, rivolgere la propria fronte verso est.

---

[46] Il *bot* è un edificio a una o tre navate, il cui tetto è sorretto da pilastri quadrati. Le pareti sono spesso affrescate con scene mitologiche dai colori accesi e il soffitto dipinto di rosso o di blu è decorato con borchie dorate.

Il padiglione del tempio utilizzato per cerimonie, per la riunione dei fedeli e per la predicazione è il *vihara*. Questo edificio è molto simile al bot[47], ma è aperto a tutti i fedeli, è più ampio, e non è delimitato dalle pietre sacre *sema*: la mancanza di questo limite comunica la minore riservatezza dell'ambiente.

Entrambi gli edifici sono lunghi rettangoli, di solito con portici a peristilio che circondano una lunga navata interna e due corridoi laterali. Le colonne e i pilastri esterni sostengono le coperture che possono essere fino a tre sovrapposte.

Vihara, Padiglione del tempio destinato alla riunione e preghiera dei fedeli
(immagine tratta da un testo tailandese)

Il Budda che dorme nella penombra del *viharn* del wat Pho[48] è cinquanta metri di lunghezza e dodici di altezza: una montagna di mattoni e di cemento coperta da una laminatura d'oro. Ai piedi del Budda vi sono fiori freschi, candeline, bastoncini d'incenso, frutta. Il tetto di piastrelle rosse e verdi, delicate come lucida seta, sostenuto da alti pilastri quadrati, protegge il riposo del Budda. I gradini esterni di legno o di marmo di ingresso al *viharn*, spesso rafforzati da un taglio d'acqua o sorvegliati da statue enormi, definiscono un limite forte tra lo spazio interno e quello esterno,

---

[47] Dal punto di vista architettonico il *bot* e molto simile al *vihara*, ma mentre in un singolo complesso templare vi possono invece essere diversi *vihara*, non può invece esservi più di un solo *bot*.

[48] Il Wat Pho è oggi il tempio più grande di bankog, il principale centro dell'istruzione pubblica tailandese e la sede della scuola di massaggi.

lungo il quale si accumulano decine, centinaia di scarpe di cuoio, di plastica o di seta. Solo senza quella protezione, i fedeli possono superare il limite e accedere allo spazio sacro, dove inginocchiati intorno alla statua, offrono monete, bruciano incenso, scuotono una scatoletta piena di bastoncini fino a che ne esce fuori uno che ha un significato particolare. Dappertutto riecheggia il tintinnio delle monete, che si mescola al rumore forte dei grilli e alle nenie suggestive delle preghiere buddiste.

Chiunque entra in uno degli edifici del *wat* deve in segno di rispetto togliersi le scarpe, gesto che si rifà alla tradizione passata del lavaggio dei piedi, che avveniva prima di accedere agli spazi sacri. L'abitudine antica di compiere lunghi viaggia a piedi, non avendo a disposizione altri mezzi, ha fatto in modo che questa parte del corpo fosse tradizionalmente associata a quella più sporca e quindi più impura. Il gesto di lavarsi i piedi o di togliersi le scarpe prima di entrare in un padiglione di un tempio o in qualsiasi abitazione rappresenta un segno di rispetto fondamentale, legato alla volontà di purificazione di colui che lo compie. L'accezione negativa associata ai piedi contrappone simbolicamente questa parte del corpo, che è quella inferiore e più sporca, alla testa, ovvero alla parte più alta e più nobile, che non può essere sfiorata al prossimo, se non a rischio di recargli grande offesa.[49]

Entrando nei templi i fedeli compiono una serie di prostrazioni, si siedono sul pavimento facendo in modo che i piedi non siano mai diretti verso la statua e compiono il gesto del *wai*, che è la forma rispettosa di saluto, congiungendo le mani e avvicinando la testa al terreno nella direzione della statua. Questa regola, che non appartiene soltanto alla sfera religiosa, viene applicata nella vita quotidiana, come segno di cortesia nei confronti del prossimo.

Immagine tratta dal galateo tailandese: l'usanza di inchinarsi di fronte ad un superiore, che era imposta per legge fino agli inizi del 900, continua ad essere praticata all'interno dei templi, davanti ai monaci o di fronte alla statua del Buddha. (da F. Ratti (a cura di), Thailandia, Mondatori, Milano, 1997)

---

[49] dalla testimonianza del direttore del monastero internazionale di Ubong Ratchatani

Uno degli edifici che è solitamente presente all'interno del recinto del wat è la biblioteca (*hawtrai*), destinata a conservare i libri sacri. La biblioteca può avere forme e dimensioni tra le più svariate, spesso anche vicine alle abitazioni comuni tailandesi, ma la necessità di proteggere i manoscritti dai roditori ha caratterizzato la sua posizione su uno specchio d'acqua, che nella cultura tailandese ha un forte valore simbolico, legato alla vita, alle piogge e alla crescita e al riso.

Padiglione della biblioteca (hawtrai), posto su uno specchio d'acqua all'interno di un tempio tailandese (da un'immagine iconografica)

Il *mondop* (dal termine sanscrito *mandapa*, che in India designa il padiglione a colonne isolato o annesso ad un santuario*)* è un edificio a pianta quadrata, con un tetto appuntito o piramidale che solitamente ospita l'immagine del buddha, ma che può essere utilizzato anche come biblioteca o sala di riunione dei laici.

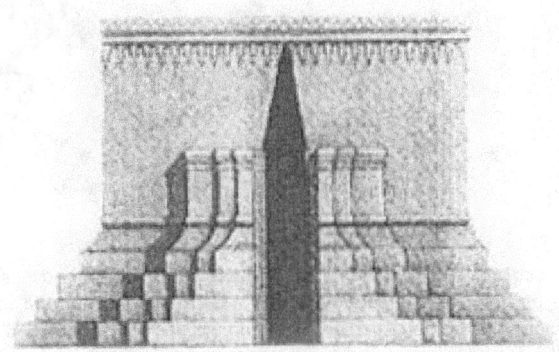

Prospetto del Mondop di Wat Si Chum
(da: Touring club italiano, Thailandia, Editoriale libraria, Trieste 1993)

Prospetto del Mondop di Wat Si Chum
(da: Touring club italiano, Thailandia, Editoriale libraria, Trieste 1993)

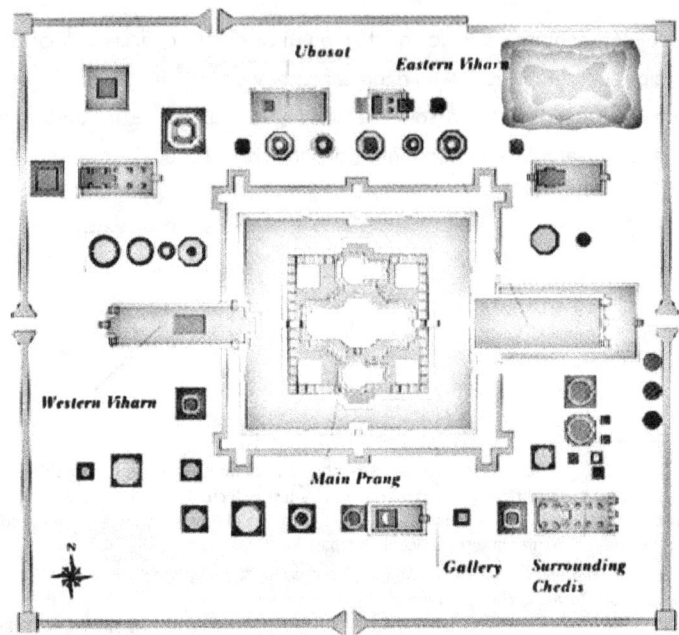

Pianta del tempio Wat Phra Ram,
(tratta da: E. Moore, Ancient Capitals of Thailand, Thames and Hudson, London 1996)

Orientamento

Lo schema fondamentale del tempio risulta dal procedimento dell'orientazione, che è un rito nel senso vero e proprio del termine, in quanto riallaccia la forma del santuario a quella dell'universo. Questo rito di orientazione, seguiva tre fasi che corrispondono a tre figure geometriche fondamentali: il cerchio, immagine del ciclo solare, la croce degli assi cardinali e il quadrato che ne risulta. Queste tre figure sono i simboli della triade orientale: Cielo-Uomo-Terra nella cui gerarchia l'uomo è l'intermediario tra il cielo e la terra, tra il principio attivo e il principio passivo, proprio come la croce degli assi cardinali è l'intermediaria tra il ciclo illimitato del cielo e il quadrato terrestre[50]. La forma del tempio buddista sintetizza il tema fondamentale della trasformazione del cerchio in quadrato ed esprime con il suo aspetto a-temporale e immobile la terra e la presenza divina nel mondo[51] .

Ideogramma cinese della triade cielo-uomo-terra
(da: P. Portoghesi, Natura e architettura, Skira editore, Milano 1999)

Lo spazio del tempio è orientato secondo i quattro punti cardinali: le facciate degli edifici, le porte e gli ingressi principali dei templi guardano rigorosamente verso oriente, fonte della vita[52].
L'est rappresenta l'inizio del percorso solare e il luogo in cui nasce il Buddha, è quindi una direzione positiva, osservata nell' orientamento dell'ingresso, sia negli spazi sacri che in quelli privati.

---

[50] "La relazione tra questi due simboli fondamentali, il cerchio e il quadrato o la sfera e il cubo, corrisponde alla relazione tra il cielo, di cui il cerchio designa il movimento, e la terra, di cui il quadrato compendia lo stato solido e relativamente inerte. Da qui il cerchio sta al quadrato come l'attivo sta al passivo, o come la vita al corpo, poiché è il cielo che genera attivamente, mentre la terra concepisce e partorisce passivamente.

[51] "Il perfetto compimento del mondo che il tempio prefigura si esprime con la forma rettangolare di esso: tale forma si oppone essenzialmente alla forma circolare del mondo trascinato dal movimento cosmico".
Al contrario della forma sferica del cielo, indefinita e sottratta ad ogni misura, quella rettangolare o cubica dell'edificio sacro, esprime una legge definitiva e immutabile, ed assume un valore estremamente positivo per lo spazio che racchiude.

[52] Vedi considerazioni sull'orientamento degli edifici in rapporto al ciclo solare, fatte per i villaggi e per le abitazioni.

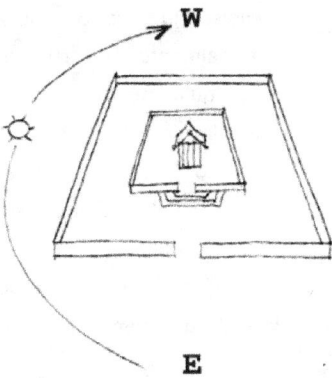

Schema dell'orientamento del tempio rispetto al corso del sole

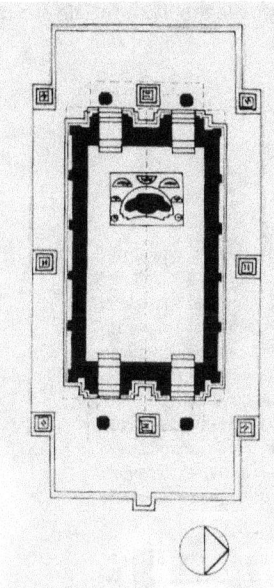

Orientamento allungato sull'asse est-ovest di un padiglione del tempio.
(da: C. Aasen, Architecture of Siam, Oxford University press, Kuala Lumpur, 1998)

La struttura spaziale

La pianta del tempio buddista consiste in un rettangolo, o in una serie di rettangoli intersecanti, in cui gli edifici sono disposti lungo l'asse maggiore con l'ingresso principale sul lato orientale. Il quadrato è nella cultura tailandese un simbolo di immutabilità e di stabilità, in cui si riflette la perfezione divina e in cui si cristallizzano i diversi cicli e le grandi misure del tempo[53].

---

[53] Le forti influenze indù fanno sì che il quadrato rappresenti una realtà superiore a quella del cerchio.

Il quadrato, insieme alla mezzaluna e alla "forma del pantalone tailandese" è riconosciuto, una forma positiva, adatta alla formazione dello spazio sacro come della casa o del villaggio.

La simbologia del quadrato deriva essenzialmente dalla cultura indiana ma anche dall'antica cultura cinese, che vede la terra come un quadrato e il cielo come un cerchio. L'India antica utilizza la stessa forma per rappresentare la terra, detta *chaturanta* (dalle quattro estremità), forma che rimanda al diagramma geometrico dei *mandala* (e allo schema indo-buddista per la meditazione), ad uno spazio centrato, "un area il cui centro è stato determinato, e i cui confini sono stati chiaramente definiti"[54].

Molte planimetrie di edifici sacri o regali tailandesi, così come quelle di intere città, sono state originate dalle prescrizioni del mandala, il cui sistema di sviluppo secondo le linee cardinali assicura il controllo dello spazio[55].

Gli antichi manuali indiani di architettura e di urbanistica, specificavano che la città regale doveva essere progettata secondo questi diagrammi sacri. I vari re del Siam, allo stesso modo, hanno apprezzato non solo il simbolismo ma anche il potenziale strumentale e strategico del mandala. Il

---

[54] Secondo la tradizione indù, il quadrato ottenuto con il rito dell'orientazione, e che riassume e circoscrive il piano del tempio, è il *Vastu-Purusa-mandala*, ossia il simbolo spaziale di Purusa, immaginato come uomo disteso nel quadrato fondamentale, nella posizione della vittima del sacrificio vedico: la sua testa poggia a oriente, i suoi piedi a occidente, le sue mani toccano gli angoli nord-est e sud-est del quadrato. Il diagramma fondamentale del tempio indù, rappresentando l'immagine di Purusa, l'essere totale che i Veda sacrificarono all'origine del mondo e che si incarna così nel "cosmo", corrisponde alla terra ed è un simbolo della presenza divina nel mondo.

Il *Vastu-Purusa-mandala*, il cui tracciato risulta dal rito dell'orientazione, è suddiviso in un certo numero di quadrati minori che costituiscono il reticolato nel quale debbono iscriversi le fondamenta dell'edificio. Le linee costituenti il tracciato geometrico del *mandala* a 81 quadrati, che corrisponde al corpo del *Vastu Purusa* (che figura nel quadrato come un uomo disteso a faccia a terra e il capo rivolto a oriente), sono identificate con le misure del *prana,* il soffio vitale del *Vastu-Purusa.*Gli assi e le diagonali principali segnano le correnti sottili principali del suo corpo, le loro intersezioni formano i *marma,* cioè i punti sensibili o nodi vitali, che non debbono essere incorporati nelle fondamenta di un muro, di un pilastro o di un portale. Bisogna anche evitare la coincidenza rigorosa degli assi di più edifici, così come degli assi di un tempio e dei suoi annessi. Ogni trasgressione a questa regola avrà per conseguenza dei disordini nell'organismo del donatore del tempio, che è considerato come il suo vero costruttore. Questa legge fa sì che certi elementi dell'architettura debbano essere leggermente spostati rispetto allo schema rigorosamente simmetrico della pianta; in questo modo il simbolismo geometrico dell'insieme mantiene il suo aspetto di forma costitutiva e non si confonde con la forma puramente materiale del tempio. Il tempio ha uno spirito, un'anima e un corpo, come l'uomo e come l'universo e per questo la sua forma materiale non si deve confondere con quella ideale o astratta. La base del tempio Khmer, infatti, solitamente non copriva tutta l'estensione del *Vastu-mandala*; in generale i muri di fondazione erano parzialmente costruiti o in rientranza o in sporgenza rispetto al quadrato del mandala. (da: T.Burckhardt, *Principes et Mèthodes de l'Art Sacré,* Paul Derain, Lyon, 1976, p.28)

[55] Il posizionamento e l'orientamento attraverso il mandala implicano il potere di controllo sulle forze naturali e la connessione al cosmo.

mandala veniva utilizzato da questi re come significato primario di "*immagine del cosmo*"[56]. Il trono del re era considerato come un "axis mundi", o pilastro cosmico, dal quale proveniva il controllo dell'intero universo, sia del mondo terreno che di quello superiore. I palazzi reali dovevano apparire come una ricostruzione microcosmica dell'universo, ed erano quindi dei luoghi fortemente simbolici.

Nella cultura Isaan esistono diagrammi geometrici molto simili ai mandala indiani, che individuano all'interno dello spazio quadrato aree con caratteristiche energetiche differenti, che vengono seguiti nella costruzione dei templi e dei villaggi. [57]

Il mandala, che è un *imago mundi*, rappresenta simbolicamente l'universo intero e si considera costruito al centro del mondo, rende perciò implicito il simbolismo del centro.

Il tempio Buddista come quello Khmer è uno spazio necessariamente centrato perché deve esprimere la centralità del santuario rispetto al mondo, e divenire il punto focale dell'esperienza meditativa[58].

La centralità dello spazio interno del tempio, ordinato in riferimento ai quattro punti cardinali esprime la spazializzazione del tempo: i grandi ritmi del cosmo visibile, sono riuniti e fissati nella geometria dell'edificio[59].

Il centro del tempio buddista recupera il significato khmer di axis-mundi e di montagna sacra, sostituita dal *chedi*, l'edificio che racchiude reliquie del Buddha. Il centro del tempio attribuisce significato simbolico e sacro allo spazio sacro, rappresenta il centro del mondo e il collegamento tra il cielo e la terra.

---

[56] I mandala venivano costruiti secondo precise dimensioni e proporzioni, che ripetevano in miniatura gli schemi matematici che governano il cosmo, e venivano divisi in quadrati concentrici a creare complessi modelli geometrici e a suddividere lo spazio in zone, ognuna delle quali rappresenta un livello differente dell'universo, tra cui quello principale (che racchiude maggiore energia) è individuato dal quadrato centrale. In questo modo, l'analogia tra il cosmo e il piano del tempio si rifletteva fin dall'organizzazione interna del piano stesso. (da: Snodgrass, *The Symbolism of the Stupa*, Studies on Sud-Est Asia, Cornell University, NY, 1985)

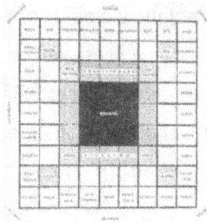

[56] Dalla testimonianza diretta del monaco tailadese

[57] "Essa è la sintesi del mondo: tutto ciò che nell'universo è in incessante movimento, l'architettura sacra lo traspone in forma permanente." (da: T.Burckhardt, *Principes et Mèthodes de l'Art Sacré* , Paul Derain, Lyon, 1976, p.28)
La consacrazione del tempio consiste nell'evocazione dei rapporti colleganti i principali aspetti dell'universo al suo centro. Questi aspetti, secondo la cosmologia indù sono il cielo, che nella sua attività generatrice si oppone alla terra, principio passivo e materno, e le quattro direzioni o i "venti", le cui forze determinano il ciclo del giorno e il mutamento delle stagioni. Secondo la testimonianza di un sacerdote indù, la consacrazione di un altare è così descritta: "Prima prese un bastoncino e indicò con esso le sei direzioni e infine tracciò un piccolo cerchio al centro… costruendo l'altare in questo modo si vede che tutto porta al centro o meglio vi ritorna; e il centro è si in quel punto ma noi sappiamo che in realtà è in ogni dove" "L'ubiquità del centro spirituale si esprime nel fatto che le direzioni dello spazio, che si ripartiscono secondo gli assi immobili del cielo stellato, convergono allo stesso modo in ogni punto situato sulla terra; in altre parole non esiste prospettiva riguardo al cielo stellato: il suo centro è ovunque, poiché la sua volta, il tempio stellato è senza misura".(da: T. Burckhardt, *Principes et Mèthodes de l'Art Sacré*, Paul Derain, Lyon, 1976)

[58] Con la sua forma regolare e immobile, il tempio rappresenta la perfetta compiutezza del mondo, il suo aspetto a-temporale e il suo stato finale.

[59] In India l'orientamento del tempio tantrico è dettato dalla posizione del *Naga*. Vedi Cap. *influenze indiane e khmer*

Il simbolismo del centro secondo Mircea Elide si esprime in tre complessi solidali e complementari: 1) nel centro del mondo sta la montagna sacra, dove si incontrano cielo e terra; 2) ogni edificio sacro presente all'interno del tempio è assimilato a "montagna sacra" e quindi promosso a "centro"; 3) il tempio, essendo il luogo attraversato dall'*axis mundi*, è considerato a sua volta punto di congiungimento tra cielo e terra.

La simbologia

Il tempio contiene al suo interno una complessa presenza di simboli, ognuno dei quali partecipa alla formazione e all'esternazione del sacro.

Il *Naga* è uno dei numerosi elementi simbolici, acquisiti principalmente dalla cultura cinese e indù, e rielaborati dalla cultura tailandese.
Il *Naga* è un serpente mitologico che vive nella terra e nei corsi d'acqua, gira attorno nel terreno durante il corso dell'anno, e a seconda del mese si trova in differenti posizioni. Questa credenza è presente anche in altre regioni dell'Asia sud orientale ed è derivata dall'influenza della cultura indiana[60]. L'antica tradizione cinese fa uso dell'immagine di un serpente-drago, molto simile al *naga*, ponendolo sui tetti delle case per proteggerle dagli incendi, e per dominare la pioggia, che può essere tremendamente distruttrice, o diventare, se rabbonita benevola e propizia[61].

L'architettura tailandese sacra utilizza il simbolo del serpente sulle gronde dei tetti o sui fianchi delle scale d'ingresso ai templi per proteggere gli spazi sacri; questa icona richiama quella dell' arcobaleno e cioè il ponte che unisce le parole degli umani a quelle degli Dei.
Il *"Naga"* è presente nei Templi, sotto forma di elemento architettonico, di scultura o di dipinto, come segno di protezione e di buon auspicio e come simbolo di *rinascita* per il Buddismo. Nell'iconografia tailandese il *Naga* riunisce in sé i simboli del cielo e della terra, rappresenta il dio della fertilità, responsabile della produzione delle piogge, e il dio dell'acqua, associato ai fiumi e al Mekong.[62] Il Buddismo riconosce il Naga come un essere metafisico simile ad un angelo che ha la capacità di apparire nella forma fisica.

---

[61] "Nell'oceano infinito si trova un pesce drago con la coda di gufo (*ch'ih-wei*). Quando agita la coda, turba i flutti e provoca la pioggia" (da: M. C. Li, *Architettura cinese, il trattato di Li Chieh*, a cura di F. Bertan e G. Foccardi, Utet, Torino 1998). Il dragone e il serpente sono, secondo Chuang Tse, il simbolo della vita ritmica, perché rappresentano lo spirito delle acque, che con la loro armoniosa ondulazione nutrono la vita e rendono possibile l'origine della civiltà.

[62] C. Aasen, *Architecture of Siam, a cultural History Interpretation*, Oxford University press, Kuala Lumpur 1998

Iconografia del naga (foto: S. Riccardi)

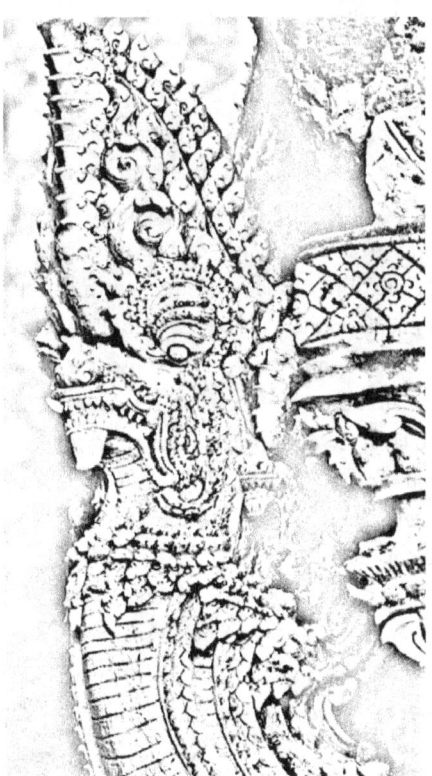

Statua indiana raffigurante il naga
(da: C. Aasen, Architecture of Siam, a cultural History Interpretation,
Oxford University press, Kuala Lumpur, 1998)

Naga decorativi sull'estremità delle coperture
(da: C. Aasen, Architecture of Siam, a cultural History Interpretation,
Oxford University press, Kuala Lumpur, 1998)

All'interno del tempio, la presenza simbolica più significativa e ripetuta è l'immagine del Buddha, che condensa in una formula altissima tutta l'arte indiana antica che ne ha rappresentato l'origine.

Il ritratto tradizionale del Buddha si fonda su un canone preciso di proporzioni, che, in modo decrescente, regola le altezze del torso, del viso e della protuberanza sacra sull'occipite. In uno schema di proporzioni secondo un antico testo tibetano, i contorni del corpo seduto, senza la testa, si iscrivono in un quadrato che si riflette nel quadrato della testa; analogamente la superficie del petto, misurata tra le spalle e l'ombelico, si riflette secondo una proporzione semplice nel quadrato della viso[63]. Tale schema fissa l'aspetto perfettamente statico dell'insieme e procura l'impressione di equilibrio incrollabile e sereno. Il canone tibetano per la costruzione delle figure del Buddha mostra come queste siano inscritte in tre rettangoli aurei tra loro proporzionali, ognuno dei quali racchiude l'altro. Il rettangolo più ampio è quello che racchiude l'intera figura dalla testa alla base; quello di dimensioni minori comprende la testa fino alle ginocchia, toccando la man destra, il più piccolo invece racchiude la testa[64]. La corrispondenza tra l'immagine del Buddha e le proporzioni auree riconduce alla simbologia della spirale (la cui geometria nasce da dimensioni auree).

Esiste una segreta analogia tra l'immagine umana del Buddha e la forma dello *stupa*, il reliquiario di origine indiana. Lo *stupa* rappresenta il corpo universale del Buddha: i suoi vari piani, di forma quadrata in basso e più o meno sferici in alto, simboleggiano i molteplici gradi o livelli dell'esistenza. Questa stessa gerarchia traspare in scala minore anche nell'immagine umana del

---

[63] T. Burckhardt, *Principes et Mèthodes de l'Art Sacré*, Paul Derain, Lyon, 1976, p. 119

[64] Il canone tibetano per la costruzione della figura del Buddha è stato pubblicato nel libro di B. Rowland, *The evolution of the Buddha Image* nel 1976.

Buddha, il cui torso ricorda la parte cubica dello stupa, mentre la testa, coronata dalla protuberanza della buddità, corrisponde alla cupola sormontata dal pinnacolo.

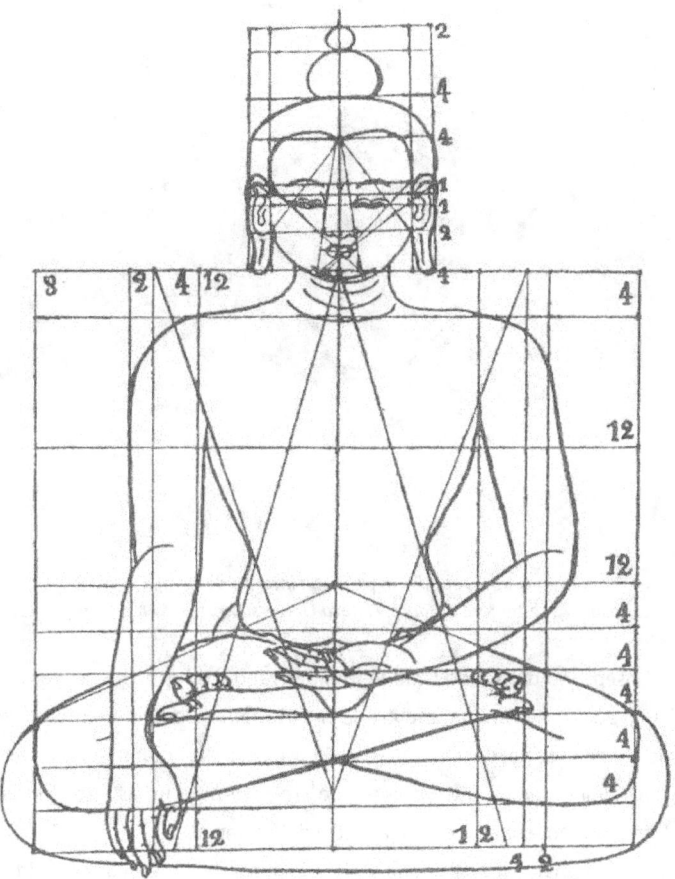

Schema delle proporzioni del Buddha, secondo il disegno di un pittore tibetano
(da: Burckhardt, Principes et Mèthodes de l'Art Sacré, Paul Derain, Lyon, 1976)

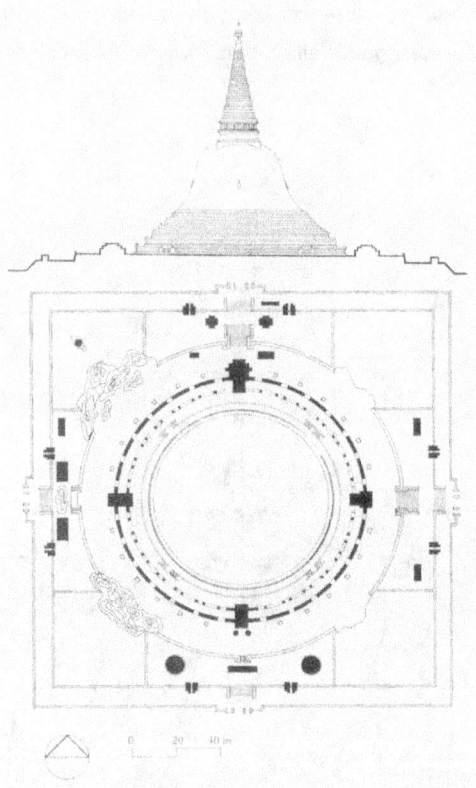

Stupa, reliquiario posto all'interno dei templi
(da: C. Aasen, Architecture of Siam, Oxford University press, Kuala Lumpur, 1998)

I gesti delle mani risentono del simbolismo indù e derivano dal fatto che la destra corrisponde al polo attivo dell'universo o dell'anima, mentre la sinistra rappresenta il polo passivo e ricettivo: è la polarità del cielo e della terra, dello spirito e della psiche, della volontà e della sensibilità. Così la posizione reciproca delle mani può esprimere allo stesso tempo un aspetto fondamentale della dottrina, uno stato d'animo e una fase o un aspetto del cosmo.

Il Loto, assieme all'immagine del Buddha è il principale tema dell'arte buddista, capace di esprimere in forma diretta, impersonale e sintetica ciò che la forma umana esprime in maniera più personale e complessa. Per la sua simmetria e per la sua compiutezza statica la forma del loto viene considerata simile a quella umana. Inoltre questo fiore tutto aperto assomiglia anche alla ruota, che per i buddisti è un simbolo del cosmo e dell'anima, i cui raggi uniti dal mozzo significano sia le direzioni dello spazio che le facoltà dell'anima unite dallo spirito[65].

---

[65] Il fiore di loto trasmette l'idea di centralità il cui grado zero è il cerchio, simbolo del cielo, che definisce il rapporto dell'uomo con la natura come totalità visibile (collegato alle sue leggi cicliche, ai movimenti naturali degli astri e alla stessa linea dell'orizzonte). L'idea di centralità trasmessa dal fiore si incarna anche nella croce, il primo segno che implica l'orientamento (e quindi la definizione di un rapporto univoco con la terra), che trasforma il cerchio aprendolo verso l'esterno e ricollegandolo al quadrato, simbolo della terra.

Il loto, come simbolo della purezza spirituale, è un elemento ricorrente nell'iconografia buddista, legato per esempio alla nascita di Buddha, che compie cinque passi su cinque fiori di loto sull'acqua[66], o al raggiungimento dell'illuminazione[67]. Nelle piante dei templi tailandesi, dove la divisione dei punti cardinali incorpora anche credenze indù, l'uso del simbolo del loto sta ad indicare che le leggi cosmiche sono state osservate.

La simbologia tailandese del Naga, con il suo corpo che si avvolge, dell'acqua, del loto, e le stesse proporzioni dell'immagine del Buddha, riconducono al modello arcaico della spirale. Nella cultura buddista la spirale è il simbolo della morte e della rinascita, del divenire senza inizio ne fine, e di tutto ciò che è spirituale.

L'immagine della spirale è riproposta continuamente all'interno dei templi, è utilizzata come decorazione dei capelli del Buddha, è l'intarsio di madreperla che disegna le impronte digitali delle piante dei piedi del Buddha disteso del Wat Pho, è richiamata dalla geometria dei *chedi*.

Immagini del Buddha (da: C. Aasen, *Architecture of Siam, a cultural History Interpretation*, Oxford University press, Kuala Lumpur, 1998)

---

[66] "Quando il Buddha Sakyamuni si levò dalla lunga seduta meditativa sotto l'albero della Bodhi, libero dalla tirannia della vita e della morte, fiori di loto meravigliosi sbocciarono sotto i suoi passi." (Thic Nhat Hanh, *Vita di Siddharta il Buddha)*

[67] Secondo la tradizione Buddha rivolse ai suoi fedeli una predica consistente unicamente nel mostrare un fiore di loto da contemplare. "Soltanto il monaco Mahakasypa comprese l'insegnamento e sorrise al maestro, il quale gli disse: "ecco, io ho il più prezioso tesoro, spirituale e trascendentale, e in questo momento io lo trasmetto a te..". Il Buddha reggeva il fiore di loto bianco, appena dischiuso, con dolcezza e solennità. Teneva il gambo tra il pollice e l'indice e il fiore ripeteva la forma della sua mano; la mano del Buddha era bella come il fiore, pura e meravigliosa."

LA STRUTTURA DELLA FAMIGLIA

L'attività agricola, soprattutto quella inerente la produzione del riso, disegna l'organizzazione della vita collettiva, la struttura della famiglia e la forma dell'abitazione del nord est della Tailandia.

La maggior parte degli abitanti dei villaggi sono contadini e le ore che questi trascorrono nei campi (dalle 7:00 alle 16:00) costituisce la parte più consistente della giornata. Nei campi il più delle volte si svolge la sosta collettiva per il pranzo: all'ombra di uno dei numerosi *saala* dispersi tra le risaie. I *saala* sono piccole strutture a pianta quadrata o rettangolare, di legno e bambù, formate da un piano sollevato da terra, senza pareti e coperte da un tetto leggero in paglia, sostituito negli ultimi decenni dalla lamiera ondulata.

Il villaggio è costituito da un insieme di lotti, precisamente delimitati da semplici recinzioni in bambù o legno, ognuno dei quali ospita una famiglia con le rispettive generazioni sistemate in una o più abitazioni distinte, ma in relazione tra di loro. Ogni volta che una figlia si sposa, il marito, secondo la tradizione, si trasferisce nella casa della moglie dove lavora al servizio dei genitori per uno o due anni. Questa sistemazione solitamente persiste fino alla nascita del primo figlio o fino al momento in cui le possibilità economiche permettono al nuovo nucleo famigliare di costruire una propria casa, vicino a quella dei genitori della moglie, all'interno dello stesso lotto. Qui trovano posto anche edifici minori legati all'attività agricola, come magazzini, granai, stalle, nonché spazi coltivati ad orto, giardino e alberi da frutto. Gli orti e il giardino possono a loro volta essere suddivisi in appezzamenti recintati di minori dimensioni, dove vengono coltivati diversi tipi di verdure, erbe e frutta necessari al sostentamento della famiglia. In un angolo del giardino si trova a volte un piccolo *saala* con tetto in paglia o in erba secca; il piano di calpestio è sollevato dal terreno 50-60 cm. tanto da formare uno spazio ombreggiato e ventilato, aperto su tutti i lati, che può servire per il riposo, come punto d'incontro, di ritrovo e di discussione degli uomini del villaggio.

L'ABITAZIONE

Huean è il termine, in dialetto Isaan, che definisce la casa tradizionale posizionata all'interno del lotto recintato. Le *Huean* sono costruite su un piano sopraelevato rispetto al terreno, a circa due metri di altezza. Questo, oltre a favorire la ventilazione naturale interna (non essendo così ostacolata dalla presenza delle piante basse e degli arbusti del giardino), risponde all'esigenza di proteggersi e rendere più sicuro l'ambiente abitativo utilizzando il distacco dal suolo come difesa dalle frequenti inondazioni nel periodo delle piogge, dall'umidità del terreno e dagli animali selvatici (in modo particolare topi e serpenti).Sempre alla necessità di sicurezza, rispondono anche le abitudini di rimuovere la scala di legno durante la notte e di servirsi degli animali posti sotto l'abitazione (bue, asino, cane) per avvertire qualsiasi possibile intrusione.

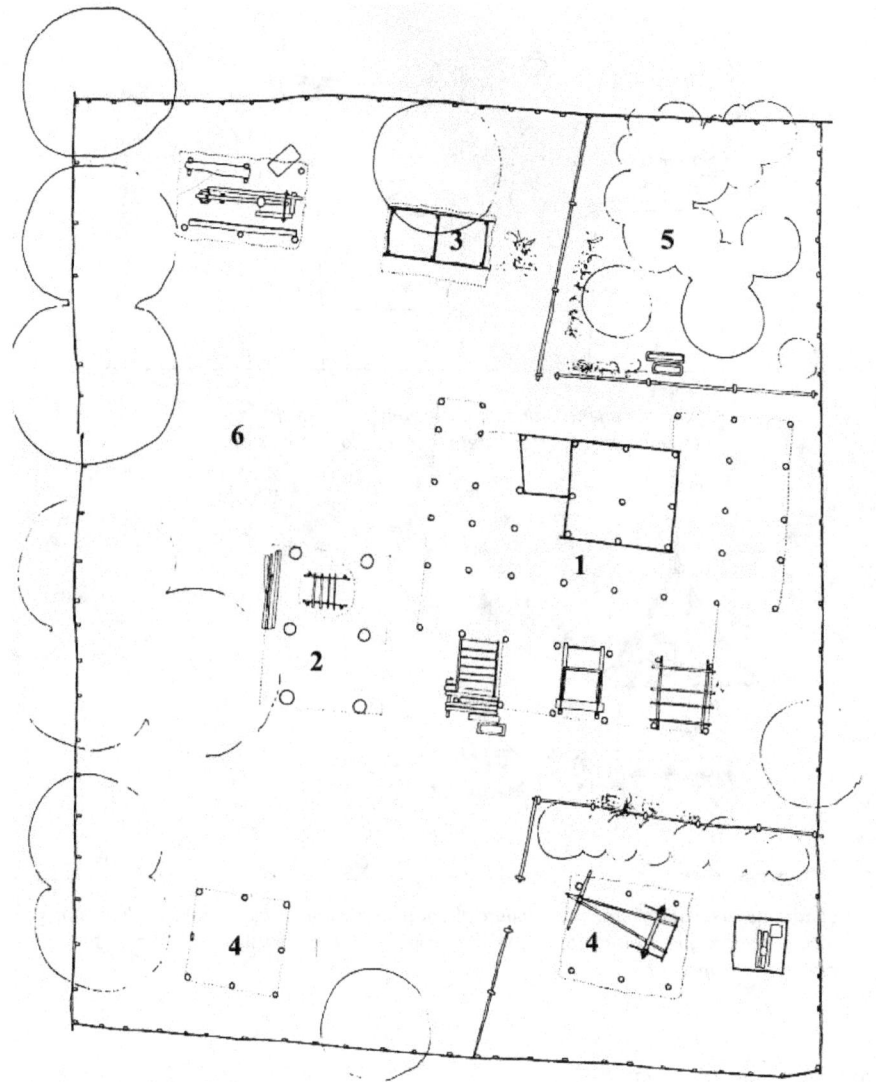

Planimetria del lotto di una famiglia nel villaggio di Ban Mae Mai: l'area recintata racchiude insieme alle abitazioni (1), il granaio (2), la cucina (3), alcuni saala (4), gli orti (5) e il giardino (6), che è un'estensione all'aperto dell'abitazione.

Nella tradizione dell'Isaan è molto forte l'idea che la casa debba essere costruita su palafitta [68] ;lo spazio sottostante viene così generalmente sfruttato per l'immagazzinamento dei materiali o per il ricovero degli animali (porcile o pollaio), come laboratorio per tessere, come deposito di attrezzi agricoli o anche come luogo ombreggiato e aperto in cui riposare durante la giornata soprattutto nelle ore più calde.

---

[68] Le tre regole della cultura Thai-Isan sono: I° parlare sempre dialetto; II° coltivare riso glutinoso; III° alzare la casa per evitare il problema delle alluvioni. (dalla traduzione del testo thailadese *Cultura del popolo dell'Isaan*)

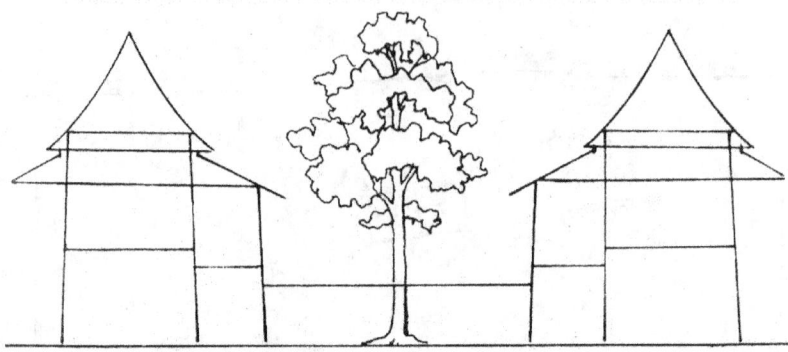

*L'abitazione tradizionale è concepita come un sistema
estremamente aperto e interagente con lo spazio esterno.*

*L'abitazione su palafitta oltre a proteggere gli spazi interni dalle inondazioni e dall'umidità
assicura una migliore riservatezza degli ambienti, che per ragioni climatiche sono
estremamente aperti verso l'esterno.*

Organizzazione dello spazio interno

Ogni residenza è costituita da 3 zone: pubblica, semipubblica e privata; ogni spazio appartenente alle due ultime zone, è segnalato da un cambiamento di quota: ne deriva che lo spazio più privato sia sistemato alla quota più alta.

I gradini, che costituiscono passaggi di quota frequenti all'interno dell'abitazione, rappresentano quindi un limite e una partizione funzionale immediatamente riconoscibile, necessaria per distinguere lo spazio semipubblico, dove qualsiasi persona può fermarsi e sostare, da quello privato destinato alla famiglia. Ogni scalino o passaggio di quota utilizzato all'interno della casa per definire e delimitare un ambiente possedeva anche, in origine, una ragione difensiva nei confronti di eventuali intrusioni notturne e forniva ad ogni ambiente un'ulteriore apertura e un'ottima ventilazione naturale dal basso verso l'alto.

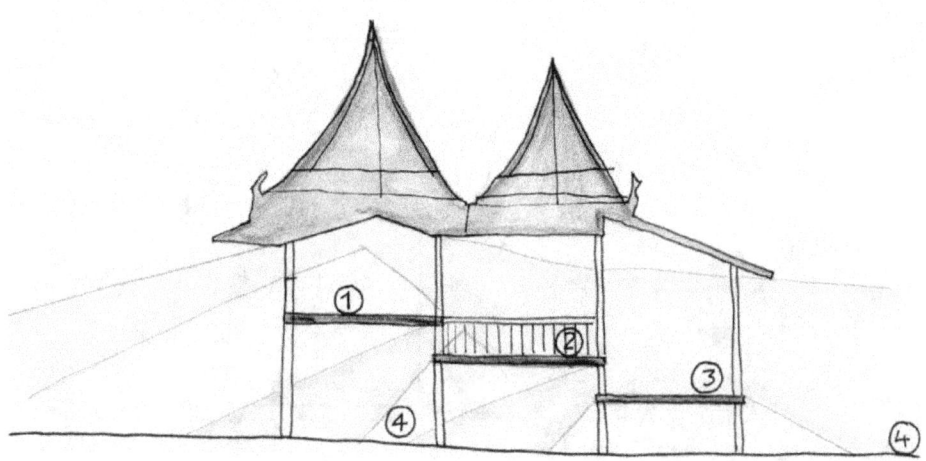

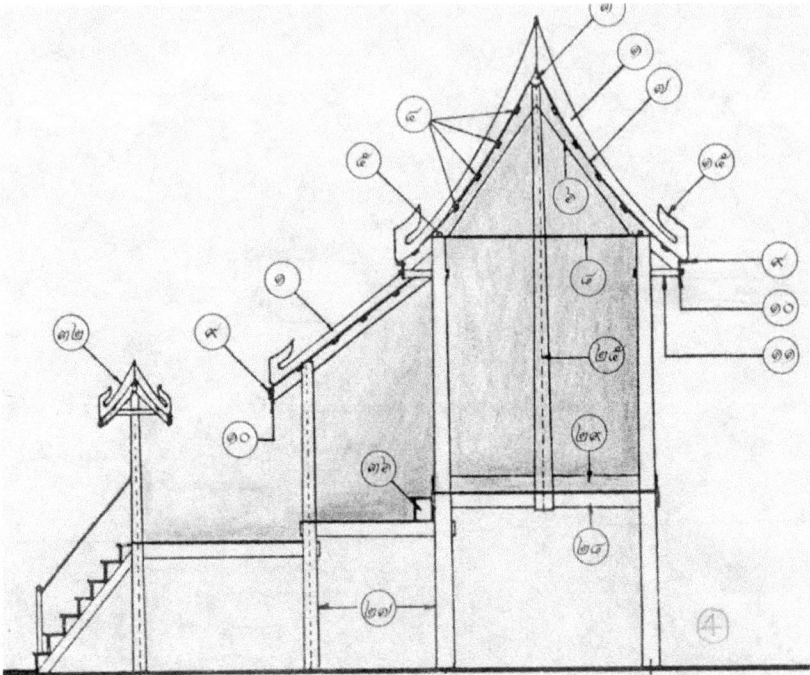

All'interno dell'abitazione ogni passaggio di quota del pavimento definisce un limite e una funzione dello spazio. Gli ambienti a quota maggiore sono quelli più privati, poiché consentono una maggiore riservatezza, mentre quelli a quota più bassa sono più aperti e pubblici.

L'edificio principale si posiziona all'interno del lotto seguendo un preciso orientamento in modo che il suo corpo principale risulti allungato lungo l'asse est-ovest.

Questo modello di orientamento, riconosciuto dal senso comune e dalla tradizione costruttiva, permette il minor soleggiamento sui lati lunghi e la maggiore esposizione dell'abitazione alla ventilazione sui lati nord e sud, che sono quelli ortogonali alla direzione dei venti; la ventilazione è quindi la migliore risposta alle esigenze climatiche locali.

Ogni abitazione è quindi costruita secondo i punti cardinali: le terzere (*pae*) vanno da est a ovest e le travi incrociate (*khue*) da nord a sud. La parte della casa destinata a ricevere gli estranei, la *huean noi* o *piccola casa*, si trova sul lato sud; la parte privata, *huean yai*, o grande casa si trova verso nord.

Gli studi antropologici condotti da Pierre Clement e Sophie Charpenter nell'area di Luang Prabang[69], che riguardano la posizione delle persone all'interno delle abitazioni, hanno rivelato che gli abitanti riposano generalmente nella parte della casa a quota più alta. Questa zona

---

[69] S.Carpenter, *The Lao House*, in Izikowitz Sorensen, *The House in East and Southeast Asia Anthropological and Architectural Aspects*, Scandinavian Institute of Asian Studies, 1979.

dell'abitazione è quella più privata, spazialmente distinta dalla zona a quota più bassa e quindi più pubblica.

Lo studio rivela come nella tradizione tai-lao sia importante che il corpo in riposo mantenga una direzione perpendicolare alla linea di colmo del tetto e che la testa venga posizionata in corrispondenza della linea di gronda. Un orientamento differente del corpo all'interno della casa genererebbe associazioni emotive e mentali totalmente differenti[70], ed è probabilmente per questo che viene considerato sfavorevole per il sonno.

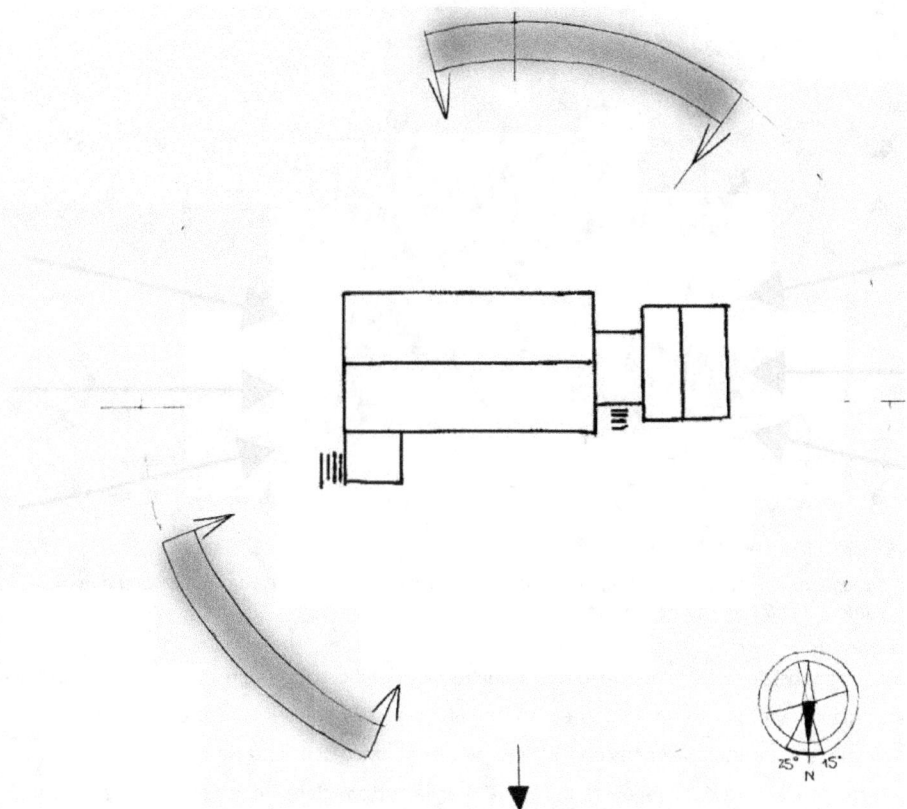

Organizzazione degli spazi interni dell'abitazione in relazione ai punti cardinali (veranda a nord, camere a sud) e alla quota dal terreno.

---

[70] Al contrario, quando qualcuno muore, il corpo deve essere posizionato nella zona più bassa della casa, in direzione parallela al colmo del tetto e con i piedi diretti verso l'ingresso della casa. P.Clement, *The spatial organization of the Lao House*, p.63 in Izikowitz Sorensen, *The House in East and Southeast Asia Anthropological and Architectural Aspects*, Scandinavian Institute of Asian Studies, 1979.

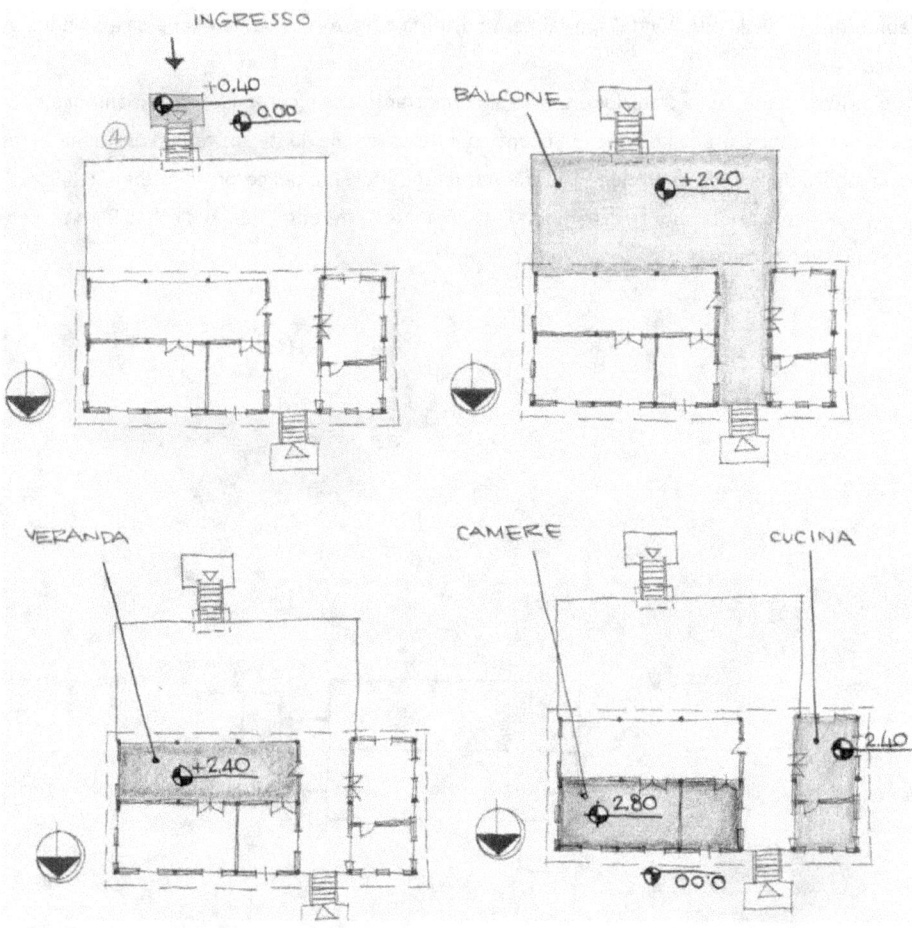

Organizzazione degli spazi interni dell'abitazione in relazione ai punti cardinali (veranda a nord, camere a sud) e alla quota dal terreno.

La contrapposizione est-ovest, rispettata anche negli edifici sacri (chiusi ad ovest e aperti verso est), richiama l'asse temporale che esprime il corso del sole, il divenire del giorno, e pone l'abitazione in diretta relazione con il cosmo mediante l'atto di orientazione[71].

La forma delle abitazioni segue sempre una maglia rettangolare, che nella cultura tailandese è considerata estremamente positiva, poiché è l'immagine del mondo, e quindi attribuisce agli edifici la valenza simbolica di microcosmo. Ogni punto cardinale assume, quindi, qualità quasi magiche, virtù o difetti. L'ovest, ad esempio, è comunemente assunto come la direzione negativa: dalla quale proteggersi, verso la quale chiudersi, o nella quale porre gli ambienti più negativi o sporchi dell'abitazione (ad esempio i bagni). Questa credenza diffusa è probabilmente una risposta alla necessità di proteggere gli spazi abitati dall'irraggiamento solare basso e diretto, proveniente da ovest.

---

[71] Vedi Cap. *Tempio*

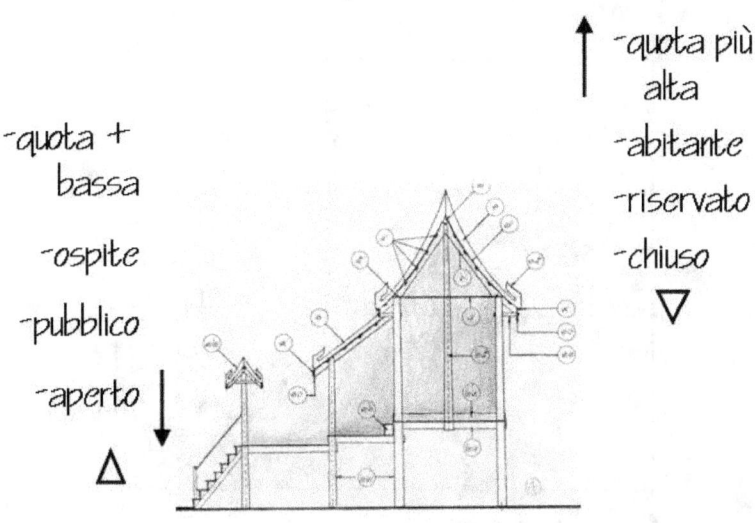

quota +
bassa

-ospite

-pubblico

-aperto

Δ

-quota più
alta

-abitante

-riservato

-chiuso

∇

Differenziazione degli spazi dell'abitazione rispetto alla loro quota.

Inoltre, poiché secondo la credenza religiosa il Buddha rivolge sempre la fronte verso est e i templi si aprono in questa direzione e si chiudono in quella opposta[72], l'est rappresenta la testa, il fronte principale, l'inizio. Di conseguenza l'ovest rappresenta la fine, il retro, i piedi, che secondo la cultura tailandese hanno un accezione estremamente negativa.

Distribuzione degli spazi e percorsi interni

Per proteggere l'interno dell'abitazione, specialmente le camere, dalle intrusioni degli spiriti negativi, i quali secondo la credenza locale si muovono lungo linee rette, gli ambienti interni sono distribuiti in successione senza l'ausilio di corridoi.

La regola del movimento interno obbliga a girare ad angolo retto ogni volta che si entra o si esce da una stanza. Il passaggio tra i diversi ambienti interni della casa è rafforzato dalla differenza di quota del pavimento, ed è probabilmente nato per ragioni difensive e di protezione delle stanze più private.

---

[72] Vedi Cap. *Templi khmer*

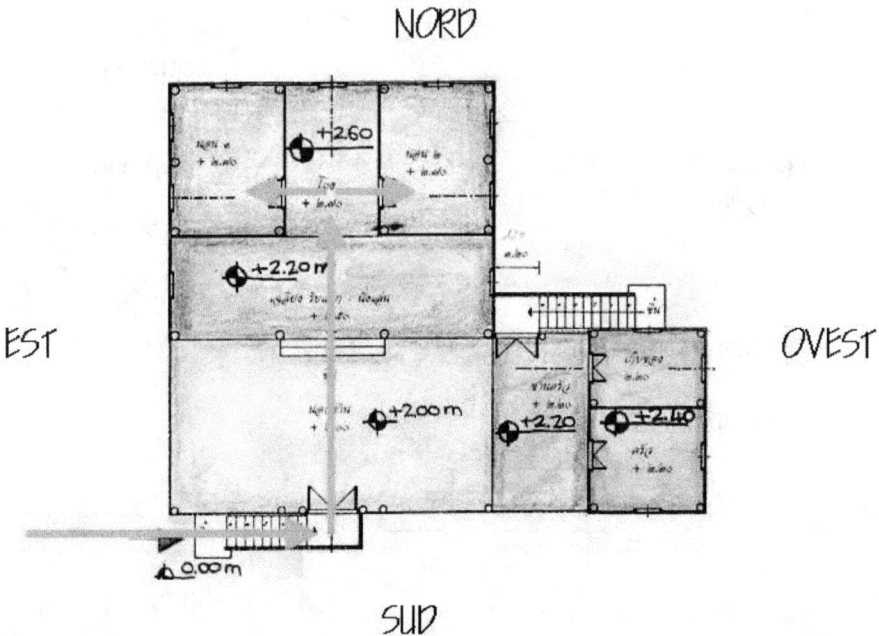

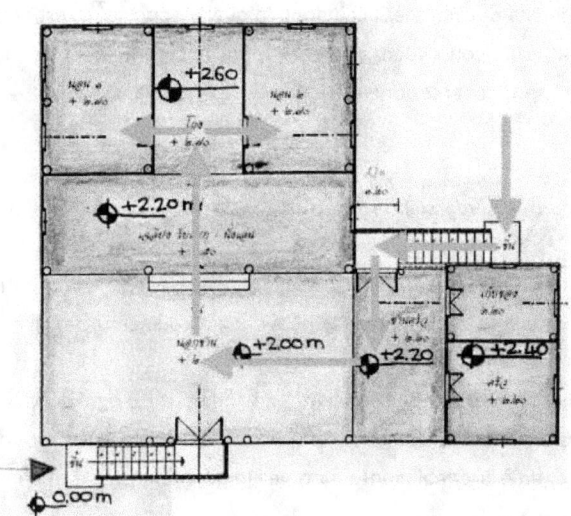

Movimento all'interno dell'abitazione

MOVIMENTO:

OPPOSIZIONE
SPIRITI / PERSONE VIVE

_ LINEARE PER GLI SPIRITI
E LE PERSONE MORTE

_ AD ANGOLO RETTO PER
LE PERSONE VIVE

Significato del movimento all'interno dell'abitazione

Per una piccola famiglia la casa era solitamente costruita come unità singola con una cucina aperta sul retro. Quando la famiglia si ampliava la casa veniva allargata a una doppia unità; l'edificio aggiuntivo veniva chiamato *huean khong*, e comunicava con l'abitazione principale attraverso una piattaforma o un terrazzo sopraelevato.[73]

Il modello abitativo originario, che è quello appartenente al popolo emigrato dalle regioni più fredde del sud della Cina verso quelle caldo-umide del nord est della Tailandia, era sicuramente più chiuso, non aveva la veranda, non prevedeva ampliamenti successivi né ambienti o cucina isolata, ma era sostanzialmente costituito da un unico edificio.

L'adattamento del modello, esportato dal sud della Cina, al clima caldo e umido del nord est della Tailandia ha modificato la forma dell'abitazione, aprendo gli edifici, aggregandoli in modo libero attraverso una piattaforma esterna, creando ambienti spaziosi e ventilati. L'esigenza climatica rende infatti indispensabile mantenere una certa distanza tra gli edifici al fine di favorire la circolazione dell'aria.

---

[73] dalla testimonianza diretta del direttore del *Centro di Cultura Isaan* di Ubon Ratchatani

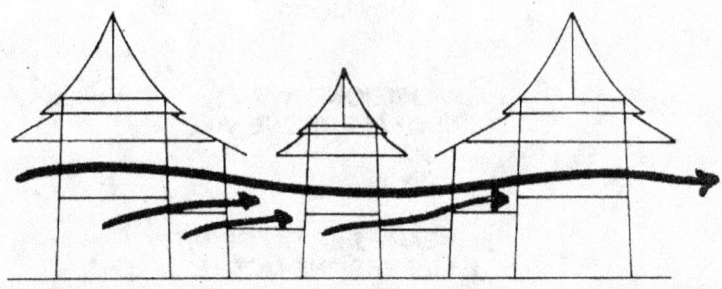

La struttura della casa tradizionale è estremamente aperta e facilita la ventilazione naturale degli spazi interni.

Le scale sono solitamente collocate sul prospetto principale della casa e il loro numero di gradini è sempre dispari. La ricerca non ha portato a capire le vere ragioni di questa usanza diffusa. Ogni abitante riconosce la positività del numero dispari rispetto a quello pari, ma non è in grado di darne una motivazione. Un proverbio locale dice: *"dispari rimane, pari muore"*, e probabilmente la credenza religiosa ha collegato il numero pari a quello dei morti.

Salite le scale si entra nella casa attraverso una piccola veranda con pavimento di legno, in cui trovano posto vasi di fiori e recipienti di acqua. Su questa veranda solitamente si trova il *ruan nam*, ovvero "il luogo dell'acqua", dove un recipiente in terracotta contiene acqua da bere, da offrire agli ospiti o agli stranieri in segno di ospitalità. Il vaso dell'acqua può anche essere posto sopra di un palo apposito, il *sao nam*, "palo dell'acqua", che si trova a metà delle scale d'ingresso, posizionato in modo che sia possibile riempirlo stando all'interno della casa. La presenza dell'acqua è un segno forte di ospitalità, rivolta a qualsiasi persona di passaggio nella zona, la quale può tranquillamente salire le scale e dissetarsi. Questo gesto di ospitalità sottolinea l'estrema preziosità dell'acqua, quale elemento da bere e da mangiare, poiché generatrice del riso e della vita.

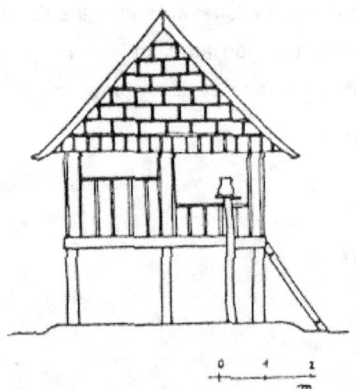

Fronte di un'abitazione tradizionale e 'palo dell'acqua'

Dovunque si vada, nel nord est della Tailandia, si trova la brocca d'acqua fuori dall'ingresso della casa. Spesso ce ne sono due: una per bere, l'altra per lavarsi le mani (o anticamente anche i piedi). E' fondamentale per l'ospitalità Isaan offrire l'acqua al visitatore, sia amico che sconosciuto.

L'invito a prendere l'acqua può essere seguito o meno dall'invito a salire la scala che porta alla veranda principale, dopo essersi tolte le scarpe.

Dalla piccola veranda, salendo qualche gradino (uno oppure tre), si accede ad una veranda più grande, coperta con tetto ad una falda e pavimentato con assi di legno. In questo spazio ben definito vengono ricevuti gli ospiti e da qui si accede alle camere private. La camera, poiché costituisce la parte più importante e riservata della casa, si trova su un piano leggermente rialzato rispetto alla veranda, con la quale è collegata per mezzo di una porta e alcune finestre. Le camere sono poco illuminate; le finestre, poste sulle pareti esterne, sono piccole e rimangono spesso chiuse. La mancanza di luce è un espediente utilizzato per proteggere gelosamente l'ambito circoscritto della vita privata. La stanza è attraversata longitudinalmente da una tenda dietro la quale sono collocati i materassi, posti ad essa perpendicolarmente, in modo che la testa di chi dorme sia sempre rivolta verso la parete esterna più lunga.

Come in molte aree del mondo, quando si sia in presenza di climi caldi e non vi sia sostegno di tecnologie, lo spazio deputato alla cottura dei cibi è permeabilmente separato dagli altri ambienti dell'abitazione. Due sono le soluzioni più frequenti: nella prima la cucina è una struttura completamente separata dall'abitazione; nella seconda è leggermente distanziata o addossata a questa.

Nella maggior parte dei casi la cucina (*Koei* o *Phoeng*) è un ambiente separato dall'abitazione, distanziato leggermente da questa tramite un terrazzo oppure disposta isolata nel giardino. La separazione netta di questa parte importante della casa, è dovuta al fatto che nel clima caldo umido non sarebbe confortevole avere i fornelli all'interno dell'ambiente abitato. Le pareti della cucina sono estremamente permeabili e aperte verso l'esterno, formate da listelli di legno o bambù disposti verticalmente o incrociati.

Nel secondo caso, quando la cucina è separata dall'abitazione ma comunque addossata a questa, la sua copertura può essere la stessa dell'edificio principale oppure essere indipendente, ad una o due falde, spesso in paglia. Gli utensili da cucina e i viveri sono raccolti lungo le pareti; il focolare è invece spesso posizionato in una estensione coperta da una tettoia, in modo che sia il più possibile distante dall'abitazione.

Nell'abitazione tradizionale *Isaan* il bagno viene collocato all'esterno, ad una distanza che può variare dai 5 ai 20 metri. La sua posizione così distaccata è dovuta alle credenze popolari che relegano all'interno di esso la presenza di spiriti negativi. É costituito da una struttura in materiale povero come bambù, legno tenero o pannelli di cemento.

All'interno del bagno oltre alla turca rialzata su un gradino, si trovano due anfore colme d'acqua, la quale viene utilizzata con l'ausilio di una ciotola.

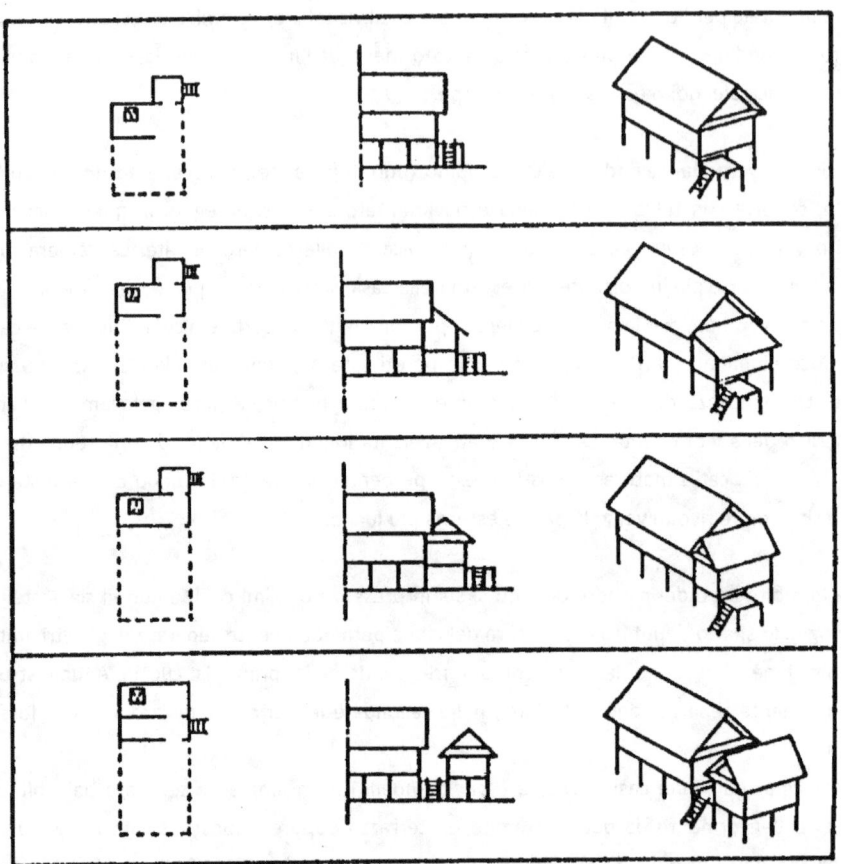

Gli esempi qui riportati sono del tipo di cucina accorpata agli altri ambienti della residenza.

Oltre al bagno e alla cucina, all'interno del giardino si trova un altro edificio separato dall'abitazione vera e propria, che è il granaio, destinato a conservare il riso. La struttura rialzata su palafitta è costituita da pali robusti, inclinati leggermente verso l'interno, tamponata con pareti di bambù intrecciato rivestito di terra cruda o di lamiera. Le pareti sono chiuse su tutti i lati, fatto salva una piccola porta per accedervi, davanti alla quale vi è una stretta piattaforma raggiungibile tramite una scala in legno, che a seconda delle necessità può essere rimossa. Alla sommità delle pareti, sotto la copertura, una fascia continua in listelli di legno distanziati favorisce la ventilazione ed evita che il riso prenda umidità. Solitamente il granaio è posizionato sulla parte di terreno a quota maggiore rispetto all'abitazione.

La struttura dell'abitazione

Ogni edificio dell'abitazione tradizionale ripropone lo stesso sistema strutturale basato su pilastri in legno o più frequentemente in cemento, posizionati direttamente nel terreno senza nessun tipo di fondazione o al massimo sopra uno strato di pietre. Ai pilastri vengono incastrate inchiodate o imbullonate le travi che sorreggono i solai e il tetto, creando così un'intelaiatura che collega tutti i pilastri tra loro, sia in senso longitudinale che in senso trasversale.

La costruzione del tetto si basa su di una orditura di travi fissate all'estremità superiori dei pilastri. Ad ogni pilastro corrisponde una trave principale che segue la pendenza del tetto (falso puntone) e che sostiene un certo numero di terzere orizzontali, nonché la trave di colmo solitamente a sezione romboidale. Disposti sopra le terzere ci sono poi i travicelli e i listelli che sorreggono le tegole.

Per supportare la parte più bassa del tetto vengono a volte utilizzati travetti sporgenti esternamente, infilati in incavi ricavati all'estremità superiore dei pilastri. Questo sistema permette di creare cornicioni particolarmente aggettante che ombreggiano al meglio le pareti.[74]

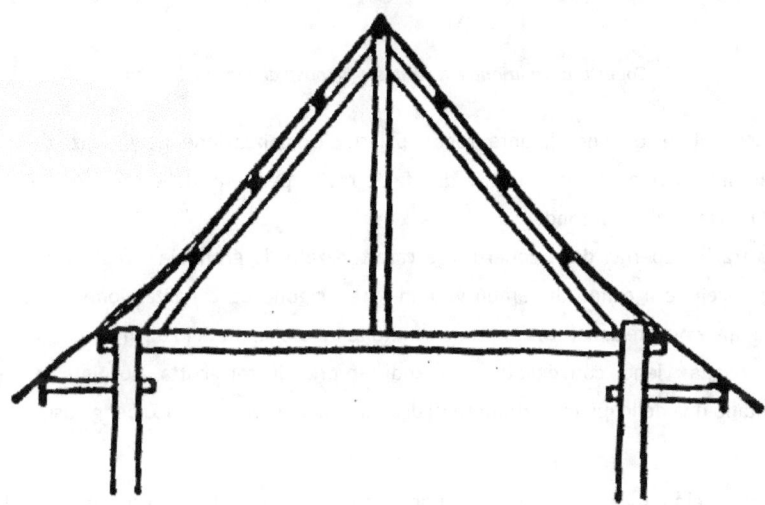

Sezione trasversale di un tetto

Il tetto era originariamente coperto da tegole di legno o dalla caratteristica copertura leggera composta da strati di paglia o di erba fissati alla struttura del tetto in strati sovrapposti tra loro, in modo da ottenere una copertura impermeabile all'acqua. Le coperture realizzate con tegole in cotto sono una prerogativa degli edifici più importanti, quali templi, palazzi o case signorili. Oggi le case più vecchie hanno sostituito il tetto in legno o paglia con la lamiera ondulata e le case di nuova costruzione vengono coperte con tegole o onduline di cemento di vari colori.

---

[74] Charpenter, *The Tao House*, p.59

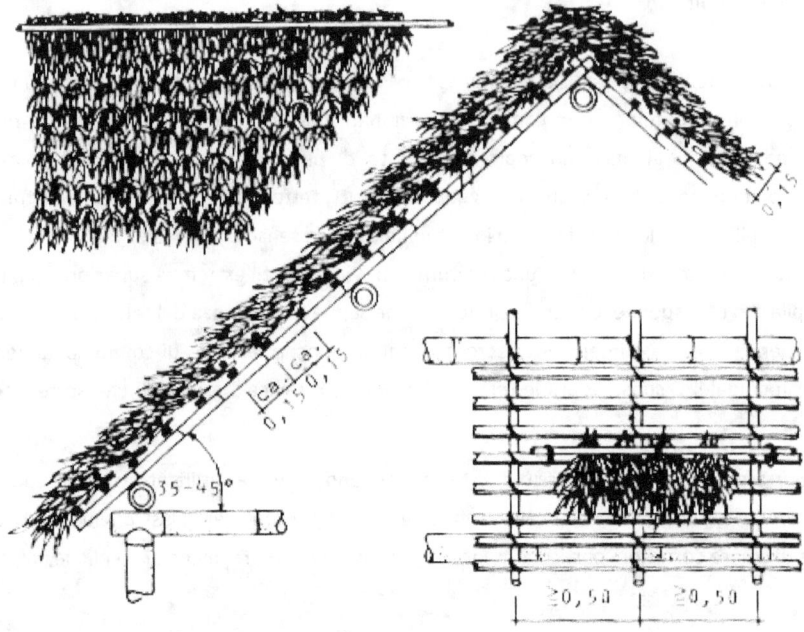

Copertura tradizionale a strati sovrapposti di paglia e bambù

La struttura del tetto generalmente rende palese l'organizzazione degli spazi della casa: si distinguono infatti chiaramente i tetti a due falde molto pendenti delle camere, dalla semplice tettoia ad una falda della veranda.

L'incontro tra le superfici delle coperture è caratterizzato da grondaie realizzate in materiali naturali e collegate a canne di bambù vuotate che fungono da canalizzazione verticale. Molto frequentemente queste canalizzazioni sono sostituite da tubi in metallo o lamiera.

L'acqua piovana viene convogliata in grandi anfore di terracotta poggiate a terra che rappresentano una delle più importanti fonti di approvvigionamento idrico per gli usi domestici.

Nelle diverse regioni tailandesi, la struttura della casa, presenta differenti sistemi costruttivi, tra i quali due sono i più ricorrenti.

Nel primo sistema costruttivo i pilastri vengono inseriti nel terreno o posizionati su delle basi in cemento o in pietra, e vengono eretti uno ad uno. I pilastri, vengono collegati tra loro mediante barre trasversali fissate allo stesso livello delle basi stesse, che formano, con le travi del pavimento, una struttura stabile che sostituisce il terreno. Su questa struttura vengono posizionati i pilastri.

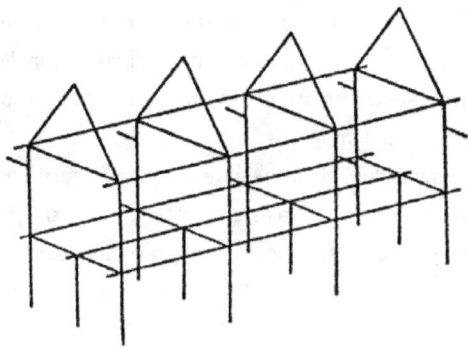

Il secondo sistema costruttivo si basa sull'assemblaggio a terra dei telai, costituiti ciascuno da due pilastri, da due travi orizzontali, una all'estremità superiore dei pilastri, l'altra a livello del pavimento, due travi principali e un palo principale che costituiscono la struttura della copertura.

Queste strutture chiamate *hvii,* vengono giustapposte sul terreno le une alle altre, con le basi dei pilastri vicino ai buchi, a questo punto le strutture vengono portate in posizione verticale.

Quando tutte le strutture sono state erette vengono collegate tra loro mediante tiranti e ganci.[75]

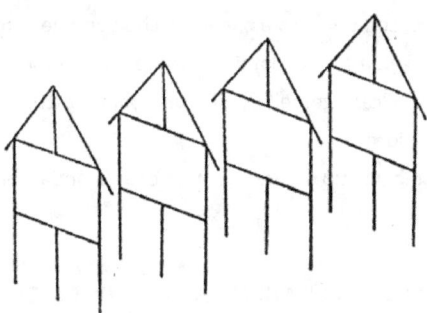

I materiali

Attualmente meno del 20% delle abitazioni sono realizzate in modo tradizionale utilizzando materiali naturali, assemblati con tecniche classiche, come incastri di legno e giunti di corda, senza l'utilizzo di chiodi. I tetti, che erano tradizionalmente coperti con paglia oppure tegole di legno o bambù (materiali leggeri ma con ottime proprietà termoisolanti), oggi sono costituiti da tegole o onduline in cemento colorato e, più spesso, da lastre di lamiera ondulata, che hanno lo svantaggio di surriscaldarsi all'esposizione al sole.

Le pareti della casa tradizionale , sono generalmente in legno e più raramente in bambù, lavorati in modo semplice (liscio) o più sofisticato (arricchito da intarsi ed altri abbellimenti). Le tavole di

---

[75] Charpenter, *The Tao House*, p.58

legno vengono assemblate orizzontalmente o verticalmente con delle piccole sovrapposizioni. Nelle case dei proprietari più ricchi le pareti sono realizzate con listelli di legno intrecciati orizzontalmente e verticalmente a formare un effetto di bugnato. Gli spazi vuoti tra i listelli sono riempiti con pannelli di legno lisci o intagliati.

L'isolamento delle pareti è superfluo, visto che esse sono ombreggiate dall'aggetto profondo della copertura, e la temperatura interna e quella esterna all'abitazione si differenziano di poco.

Per i pavimenti, come per le pareti, vengono utilizzate tavole di legno o più raramente in bambù tagliato a listelli e schiacciato. Nelle abitazioni di nuova costruzione è particolarmente diffuso l'uso della ceramica.

I pilastri dell'abitazione, che una volta erano in legno, oggi sono quasi esclusivamente in cemento.

Distinzione tipologica delle abitazioni

Per distinguere le diverse tipologie di abitazioni, i tailandesi fanno riferimento alla sagoma delle coperture. Generalmente si distinguono tre tipologie, che si riferiscono al nucleo principale della casa:

- la tipologia 1, con un semplice tetto a capanna che copre le camere e la zona giorno;
- la tipologia 2, *hùùan sye*, con un tetto a capanna che copre le camere e una copertura a una falda (tettoia, portico), aggiunta su un lato, che copre una veranda aperta, *sye*;
- la tipologia 3, *hùùan feed* ("casa gemella"), con un doppio tetto, uno che copre la zona notte, l'altra che copre la zona giorno.

Ad ognuna di queste tre tipologie può essere aggiunta una veranda frontale allungata.

LA COSTRUZIONE DELL'ABITAZIONE: ASPETTI SOCIOECONOMICI E RITUALI

Il momento della costruzione della casa non può essere considerato dagli abitanti dell'Isaan un semplice fatto tecnico, ma viene vissuto come momento comunitario in cui gli aspetti economici, sociali e rituali (soprattutto in riferimento alla tradizione e al sistema comune di credenze), hanno un ruolo fondamentale.

In Isaan le abitazioni devono essere costruite durante la stagione secca, periodo che va dalla fine del raccolto (marzo, aprile) fino all'inizio della stagione delle piogge (giugno, luglio), durante il quale non vi è molto lavoro nei campi e gli uomini hanno più tempo a disposizione.

La costruzione vera e propria è preceduta dalla fase di reperimento del materiale e della sua preparazione. Il legno e il bambù venivano tagliati nella foresta, ma, ai giorni nostri, comprati dai commercianti. Il proprietario della casa, aiutato dagli altri componenti maschi della famiglia, prepara i vari elementi della costruzione tagliando a misura i pilastri, le travi, le assi per le pareti e il pavimento, realizzando gli incastri e le sagomature necessarie, intrecciando il bambù e costruendo i grigliati per la ventilazione e le recinzioni delle verande.

Questa è la fase più lunga, che solitamente si conclude in pochi mesi, ma a volte anche in un anno o due, a seconda della disponibilità di materiale e di manodopera.

Secondo la tradizione, la costruzione vera e propria dell'abitazione avveniva in un solo giorno, "dall'alba al tramonto", grazie all'aiuto degli abitanti di tutto il villaggio. In passato erano le ragazze della famiglia che avevano l'incarico di invitare gli uomini del villaggio a partecipare alla costruzione e a festeggiare, la notte precedente l'inizio dei lavori, con una ricca cena accompagnata da grappa di riso, musiche e danze.

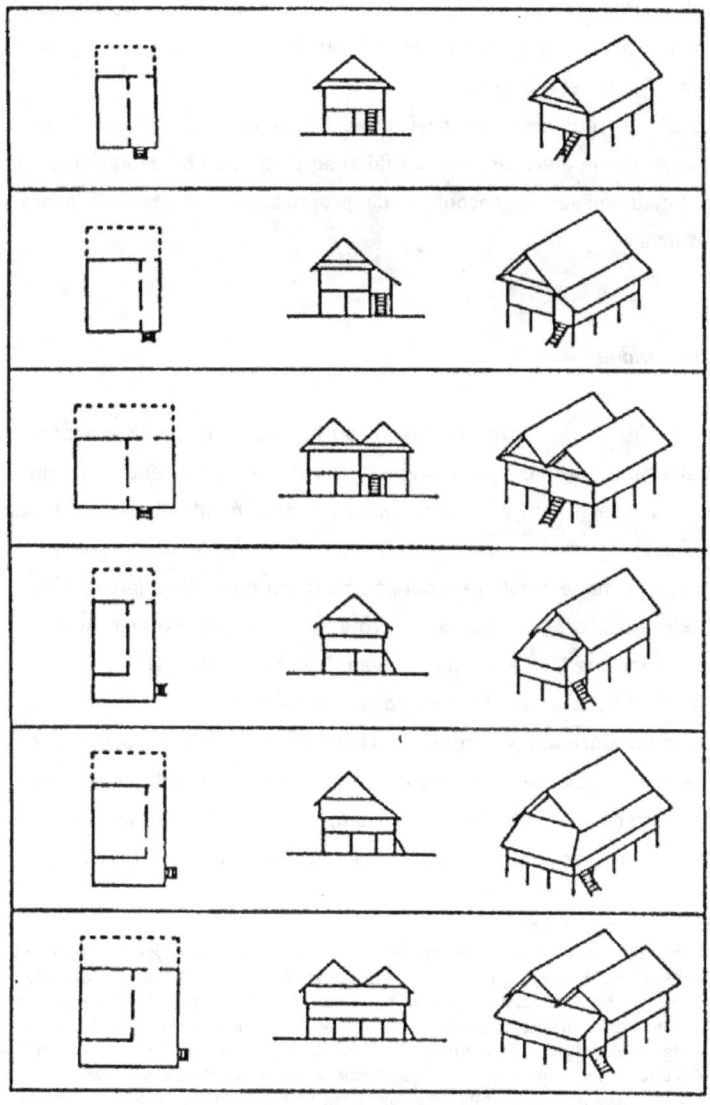

Tipologie di abitazioni tradizionali

Il numero di persone che partecipavano alla costruzione testimoniava l'importanza sociale che, la famiglia che costruiva, rivestiva all'interno del villaggio. La costruzione delle abitazioni era sempre un lavoro collettivo, come lo erano il raccolto, lo scavo dei pozzi, o la riparazione delle strade.

Oggi la situazione è molto cambiata, e solitamente alla costruzione della casa non partecipa più tutto il villaggio, ma a seconda dei casi si possono verificare tre situazioni differenti:

Nel primo caso, che è quello rimasto più vicino alla tradizione, colui che costruisce è lo stesso proprietario della casa, assistito da amici, parenti o vicini. Con la loro partecipazione la struttura della casa può essere costruita in tempi brevissimi come avveniva in passato.

Una seconda situazione prevede che il proprietario della casa chieda, a pochi uomini del villaggio, di aiutarlo nella costruzione; in questo caso il lavoro è diretto da una figura specializzata e retribuita e non dal proprietario stesso.

Una terza situazione, probabilmente oggi la più frequente, prevede che la preparazione dei materiali e la costruzione della casa siano affidati ad un gruppo di lavoratori specializzati pagati giornalmente. I materiali vengono acquistati dal proprietario della casa, e il lavoro può protrarsi per diverse settimane.

Miti e riti di costruzione

Per gli abitanti dell'Isaan, ogni *fatto tecnico* è in stretta reazione con il suo aspetto religioso, e la costruzione della casa non fa eccezione a questa regola. Le figure centrali nei riti di costruzione dell'abitazione erano l'astrologo e il monaco buddista. Solitamente, l'astrologo ha acquisito la sua conoscenza durante il periodo di permanenza nel tempio buddista, e possiede una copia di un manoscritto che afferma le regole generali per molti atti riguardanti la vita di tutti i giorni. Egli sceglie il periodo propizio per costruire, ovvero il momento preciso nell'anno, il mese giusto, il giorno adatto per tagliare il legname, per scavare i buchi che accoglieranno i pali, per erigere la struttura e per inaugurare la casa. L'astrologo conosce le regole che devono essere osservate per non disturbare le presenze soprannaturali, specialmente il dio della terra, il *naga* o *nak.* Il *naga* è un serpente mitologico che, secondo la credenza popolare, vive nella terra e nei corsi d'acqua, gira attorno al terreno per tutto l'arco dell'anno, e a seconda del mese si trova in differenti posizioni, che devono essere considerate in relazione alla costruzione della casa[76].

---

[76] Questa credenza esiste anche in altre nazioni dell'Asia Sudorientale; in Cambogia il serpente è considerato in relazione alla casa (*Porée-Maspéro, Evelyne, 1961, Kron Pali et rites de la maison, Anthropos, Vol.56, No.28, pp.217*). Possiamo trovare le origini di queste regole in India, dove l'orientamento del tempio tantrico è dettato dalla posizione del *naga*. Alcuni manoscritti precedenti il X-XIIIsec.. forniscono alcune spiegazioni riguardo l'applicazione di questa credenza esoterica all'architettura (*Bose, Nirmal Kumar, 1932, Canons of Orissan Architecture, R. Chatterjee, Calcutta*). In India, nel momento in cui si inizia la costruzione della casa, l'astrologo decide quale pietra delle fondamenta si deve porre sulla testa del serpente che sostiene il mondo. Il capomastro conficca un piolo nel punto prescelto, per fissare bene la teste del serpente ed evitare terremoti o altri incidenti. Non soltanto la costruzione della casa si colloca al centro del mondo, ma , in un certo senso la costruzione ripete al cosmogonia. Infatti è noto che in mitologie innumerevoli i mondi sono usciti dallo smembramento di un mostro primordiale, spesso in forma di serpente. Come tutte le abitazioni stanno, magicamente, al centro del mondo, così la loro costruzione si inserisce nello stesso momento aurorale della creazione dei mondi.

Per questo si deve seguire l'orientamento propizio quando si posano i pali nel terreno, quando si scavano i buchi e quando si sceglie qual è il primo buco che deve essere scavato.

Per la realizzazione della casa venivano seguiti alcuni rituali, tra i quali ve ne sono tre principali. Il primo rito avveniva nella foresta, ai piedi degli alberi che saranno tagliati per costruire i pali principali. Questo rito è in onore degli spiriti degli alberi. Il secondo rito, che avveniva nel pomeriggio del giorno precedente la costruzione, ha l'obbiettivo di ottenere il favore dello spirito del terreno, il *naga*. L'ultimo rito riguarda l'inaugurazione della casa e avveniva a lavori ultimati.

Nella cultura dell'Isaan lo spazio della casa ha quasi la valenza di uno spazio sacro, la cui centralità e positività deve essere assicurata da questa serie complessa di rituali e di credenze, profondamente radicate.

La scelta del luogo in cui costruire l'abitazione avveniva analizzando sia le caratteristiche naturali dell'ambiente che la forma del terreno: "Il terreno deve avere forma della luna o di mezzo limone tagliato, di una barca a vela, di un quadrato o la forma di *so* che è il pantalone del contadino thailandese."

Di particolare importanza è anche l'altezza del terreno e la sua pendenza[77], motivata dalla necessità di proteggersi dalle alluvioni frequenti.

Una volta scelto il terreno dove costruire, su questo veniva messo in atto un altro rito: venivano preparati tre tipi di riso ciascuno dentro un contenitore: in un contenitore c'era un riso glutinoso; in un altro un riso glutinoso nero e nel terzo un riso glutinoso rosso. Questi contenitori con il riso erano posizionati nel terreno in questione e, osservando qual era il tipo di riso mangiato dai corvi, si valuta la positività del terreno[78]. Un altro rito si compiva solcando il terreno lungo le quattro direzioni dei punti cardinali e mettendo in questi solchi sette chicchi di riso per ogni direzione, che venivano poi coperti con stuoie di bambù per evitare che i corvi o i polli li mangiassero. Se il giorno seguente rimaneva almeno un chicco di riso in ogni direzione; il terreno veniva considerato ottimo per la costruzione; se questo non accade si doveva evitare di costruire l'abitazione su quel terreno perché le formiche o le termiti ne avrebbero danneggiato i pilastri.

Un'altra usanza è quella di assaggiare la terra, dopo averla raccolta alla profondità di circa un gomito, posizionata in una foglia di banana e coperta da una specie particolare di erba. Anche in questo caso si lascia trascorrere una notte, e il giorno seguente si osserva se sulla foglia si è raccolta l'acqua del terreno.

E' particolarmente importante assaggiare il sapore[79] o sentire l'odore[80] del terreno sul quale si

---

(M.Elide, Trattato di Storia delle religioni)

[77] "Se il terreno pende da sud verso nord (*chayatè*) è un buon terreno; se pende da ovest verso est (*yasaasii*) va bene;se penda da nord-ovest verso sud (*yasaasii*) va bene; se la pendenza va dalla direzione Isaan verso sud-ovest non va bene; se la pendenza va da sud-est verso nord-ovest (*teesong*) non va bene, "luogo sfortunato". (dalla traduzione del testo thailadese *Cultura del popolo dell'Isaan*)

[78] "Se i corvi andavano a mangiare il riso nero, il terreno non era adatto per costruire; se mangiavano quello rosso, idem, brutto augurio; se mangiavano il riso glutinoso bianco, il terreno era adatto per costruire, era auspicio di felicità e quella casa non avrebbe avuto problemi." dalla traduzione del testo thailadese *Cultura del popolo dell'Isaan*

[79] "Se è dolce, il terreno è buono per costruire; se è insipida va bene, porta felicità; se è salata, il terreno è di brutto auspicio; se è acida il terreno potrebbe portare infelicità e malattia". (dalla traduzione del testo tailadese *Cultura del popolo dell'Isaan*)

dovrà costruire, prelevato ad una certa profondità, scavando una buca di circa un gomito dalla superficie.

Ognuna delle credenze legate alla costruzione dell'abitazione trova le sue radici nella cultura animista e nelle antiche influenze induiste, cinesi e khmer nel nord est della Tailandia; sono infatti fortemente collegate all'osservazione della natura e dei fenomeni naturali, rispetto i quali l'abitazione deve essere in armonia assoluta. Il riso è un elemento naturale a cui è attribuita un'importanza centrale in molti rituali, probabilmente legata al valore sacro riconosciuto a questo dalla cultura tailandese del nord est.

La dimensione temporale, oltre a quella spaziale, della forma e dell'orientamento, è particolarmente importante per esprimere la centralità di ogni esperienza rituale, ricollegando simbolicamente la fondazione della casa all'origine del mondo.

Il giorno, il mese e l'anno di costruzione dell'abitazione devono essere scelti in modo accurato da un astrologo o monaco buddista. Aprile e Febbraio sono due mesi considerati di buon auspicio per iniziare la costruzione della casa, e allo stesso modo lo sono alcuni giorni della settimana, il mercoledì e il giovedì.[81]

La direzione da seguire durante la costruzione viene decisa in relazione al mese in cui questa avviene [82].

La direzione utilizzata nella scelta delle buche da scavare deve essere anch'essa in relazione al periodo dell'anno in cui l'operazione viene compiuta[83].

Durante la costruzione della casa vi è anche l'usanza di piantare dei semi di riso, di legumi o di

---

[80] "se l'odore del terreno è buono, questo porta molta fortuna e vi si può costruire senza problemi; se invece ha un odore freddo, se puzza di pesce o se ha altri cattivi odori, questo porta sfortuna e problemi di salute, non vi si può costruire." dalla traduzione del testo tailadese *Cultura del popolo dell'Isaan*

[81] "Usanza dell'auspicio dei mesi:
Gennaio, marzo, maggio, luglio, agosto, ottobre e novembre non erano mesi positivi per costruire la casa; lo erano invece i mesi di febbraio, aprile, giugno, settembre e dicembre.
Usanza dell'auspicio del giorno:
Costruire la casa di domenica avrebbe portato molti problemi;
di lunedì, dopo due mesi arrivava la fortuna;
di martedì, dopo tre giorni ci sarebbe stato un incendio o una malattia;
di mercoledì, era di buon auspicio;
di giovedì, benessere e dopo cinque mesi fortuna;
di venerdì, infelicità e dopo tre mesi un po' di fortuna;
di sabato, sfortuna su tutti i fronti."
(dalla traduzione del testo thailadese *Cultura del popolo dell'Isaan*)

[82] gennaio, febbraio, marzo, primo palo in direzione nord-est;
aprile, maggio, giugno, primo palo in direzione sud-est;
luglio, agosto, settembre, primo palo in direzione sud-ovest;
ottobre, novembre, dicembre, primo palo in direzione nord-ovest."
(dalla traduzione del testo thailadese *Cultura del popolo dell'Isaan*)

[83] "E' importante la direzione, a seconda del mese in cui si scava:
gennaio, febbraio, marzo, si scava in direzione est e si mette la terra in direzione Udon;
aprile, maggio, giugno, si scava in direzione sud e si mette la terra in direzione est;
luglio, agosto, settembre, si scava in direzione ovest e si mette la terra in direzione sud;
ottobre, novembre, dicembre, si scava in direzione Udon e si mette la terra in direzione ovest.
Quando si piantano i pali, occorre cercare l'auspicio della voce, che deve essere diversa in base al giorno in cui si costruisce: domenica voce di gallo; lunedì voce di donna; martedì voce del cavallo; mercoledì soffiare la conchiglia del mare; giovedì voce della teja; venerdì voce di gong o tamburo; sabato voce della persona anziana."
dalla traduzione del testo tailadese *Cultura del popolo dell'Isaan*

sesamo attorno a casa, come auspicio e armonia all'abitazione; anche in questo caso la direzione della semina dipende dal mese in cui questa avviene.

I riti dell'albero

Un altro insieme di rituali seguiti dalla popolazione del nord est della Tailandia riguardava la scelta dell'albero per la costruzione della casa, dal quale dipenderà in modo determinante la fortuna dell'abitazione[84].

Con il termine *maylampoot* si indica un albero il cui tronco ha le caratteristiche perfette per essere utilizzato come pilastro della futura abitazione, ovvero è dritto e senza nodi. La cultura tradizionale distingue chiaramente il tipo di albero da utilizzare per il *primo palo*, ovvero per i pilastri principali della struttura, quelli con maggiori caratteristiche portanti, dal *secondo palo*.

L'albero chiamato *saoeg*, è quello ideale per i pilastri principali dell'abitazione, deve essere scelto nelle zone di pianura, deve avere un tronco senza foglie, senza rami secchi e senza nidi di animali (uccelli, topi, formiche nere o rosse).

Per i pilastri secondari della struttura da costruire vanno invece scelti alberi differenti, chiamati *saoquan*, ovvero alberi cresciuti nei terreni alti, con foglie non secche.

Il momento del taglio era particolarmente importante per la futura positività sia del legno utilizzato che dell'abitazione in se. La credenza locale poneva particolare attenzione sia al mese in cui l'albero è tagliato, sia alla direzione in cui questo cade[85].

Prima di tagliare qualsiasi albero veniva compiuto un rito per "chiedere" alla dea dell'albero il permesso di utilizzarlo per costruire la casa. Il rito consisteva nel girare attorno all'albero tre volte partendo da destra, nel pronunciare alcune parole in dialetto Isaan, appoggiando le mani sul tronco dell'albero. Solo dopo che era stato compiuto il rito è possibile tagliare l'albero.

Il taglio dell'albero implica il passaggio dallo stato naturale della pianta a quello artificiale del pilastro della casa, e in questo momento il palo acquista un nome che dipende dalla natura dell'albero e dall'osservazione del suo comportamento durante il taglio. L'albero chiamato *maytontoo* è quello che prima di cadere si rompe sul fondo del tronco; *mayro santoo,* individua l'albero che durante il taglio ha fatto un rumore simile ad un lamento; *maytot,* quello che presenta dei buchi in fondo al tronco; *tornin nankay*, quello nel quale dopo il taglio fuoriesce acqua dalla base del tronco; *mayklakiò*, quello che cade su altri alberi o siepi.

[84] "I legni non buoni sono quelli con troppi nodi, con buchi di animali e storti. Chi utilizza questi pali andrà incontro a grossi problemi, malattie o perfino alla morte. Ci sono tipi di alberi che non vanno bene per i pali della casa: l'albero *thaimed*, cioè l'albero secco ma ancora in piedi; l'albero colpito dal fulmine, caduto o ancora in piedi; l'albero cresciuto sopra un nido di termiti o dentro uno specchio d'acqua o un ruscello; l'albero *lopatuoi*, cioè l'albero che sta sulla sponda di un fiume, di un ruscello o di un lago, che è caduto sull'altra sponda (quest'ultimo non va bene perché deve essere lasciato li per far passare le persone o gli animali), l'albero *saka* , che è vietato.

[85] "Quando un albero cade bisogna vedere in quale direzione, perché ci sono direzioni che portano bene e altre no.
Se l'albero cade in direzione:
EST: va bene; SUD-EST: incendio in casa e litigi in famiglia; SUD: il padrone della casa morirà; SUD-OVEST: ci saranno dei ladri in casa; OVEST: il padrone avrà problemi, fino alla morte; NORD-OVEST: litigi in famiglia; UDON: ladri in casa; ISAN cioè NORD-EST: va bene, porta fortuna." *Cultura del popolo dell'Isaan*

Ognuna di queste caratteristiche è riconosciuta come segnale di disaccordo e disapprovazione dello spirito degli alberi. L'acqua alla base del tronco rappresenta ad esempio le lacrime della ninfa dell'albero che piange perché questo non doveva essere tagliato. Per evitare la sfortuna dell'abitazione occorreva, quindi, compiere un rito prima di usare quell'albero come palo.[86].

Il rito avviene preparando un frutto di un albero, chiamato *arekakatchu maak*, un mazzo di erba per fumare, un fiore, una candela e dell'incenso. Poi vengono pronunciate alcune parole in dialetto Isaan chiedendo alla dea il permesso di utilizzare questi alberi ed eliminando in questo modo la sfortuna dovuta alla rottura dell'equilibrio naturale.

Un altro momento importante riguarda la scortecciatura dell'albero, che è solitamente compiuta da diverse persone, quindi a lavoro finito il tronco presenta caratteristiche diverse a seconda della direzione seguita durante l'operazione (dalla parte più larga a quella più stretta del tronco, oppure dal mezzo verso le estremità).

La credenza anche in questo caso associa nomi e caratteristiche negative o positive al tronco a seconda della forma che questo assume[87], o alle caratteristiche del legno[88], o al numero e alle caratteristiche dei loro nodi[89]. I nodi a forma di spirale ad esempio, sono considerati estremamente positivi, esistono comunque riti per togliere la sfortuna dagli alberi che hanno nodi non adatti, utilizzando cera d'api ed incenso.

Anche durante la costruzione della casa è particolarmente importante il momento di denominazione, e la scelta della terminologia che descrive i pali della casa. Questa avviene secondo un procedimento rituale fondamentale, importante quanto la scelta stessa dei pali[90].

La stessa operazione di denominazione si ripete nel momento in cui vengono scavate le buche per piantare i pali, attribuendo ad ognuna di queste il nome delle persone che avrebbero scavato le buche stesse. Ogni nome ha un significato importante, la cui combinazione influisce sulla felicità, sulla fortuna e sul potere energetico della casa.

---

[86] Altri alberi da evitare sono: l'albero *maytitin*, ovvero quello con un tronco alto e foglie secche attaccate al tronco; l'albero *maitoitoi*, con un tronco alto e diritto senza rami; l'albero con tronco alto e diritto che termina con due grossi rami (come una coda di pesce), solo se i due rami anno direzione nord e sud; l'albero cresciuto sopra un nido di termiti, dentro un lago o un ruscello.

[87] se l'inizio del palo è piccolo, e la fine è grande è negativo, mentre se l'inizio del palo e la sua fine hanno lo stesso diametro è positivo; allo stesso modo se l'inizio del palo è grande e poi diviene piccolo fino alla fine, è chiamato 'palo femmina' ed è anch'esso positivo. (dalla traduzione del testo thailadese *Cultura del popolo dell'Isaan*)

[88] Il palo a cui si fa fatica togliere la corteccia, il palo storto, quello con molti nodi o macchie non vanno bene per la costruzione della casa.

[89] Alcuni alberi hanno molti nodi (albero *saumayploot*) , altri meno, altri affatto (albero *sauploot*). Ci sono vari tipi di nodi alcuni positivi, altri negativi, altri che portano molta sfortuna (quindi da evitare assolutamente). L'albero *konhoi* ha nodi a forma di spirale; l'albero *daurjan* ha nodi piccoli piccoli su tutto il palo. Questi due ultimi tipi di nodi portano molta fortuna nella costruzione. (dalla traduzione del testo thailadese *Cultura del popolo dell'Isaan*)

[90] "Vengono messi dentro sei sacchetti vari oggetti, uno per ogni sacchetto: conchiglia, riso, cotone, maak (specie di albero), oro e argento. Questi sacchetti vengono affidati a bambine, le quali si dirigono ognuna verso un palo. Ad ogni sacchetto, contenente un determinato oggetto, corrisponde il nome del palo:
conchiglia   primo palo (*saoeeg*);
riso   la coppia del primo palo (*kusaoeeg*);
cotone   secondo palo (*saokuan*);
maak   la coppia del secondo palo (*kusaokuan*);
oro   palo della camera (*saoon*);
argento   palo della stanza accanto (*saokuon*)."
dalla traduzione del testo tailadese *Cultura del popolo dell'Isaan*

I cambiamenti nella struttura della famiglia e dell'abitazione tradizionale

Il modello tradizionale dell'abitazione oggi si sta trasformando radicalmente, in seguito ai cambiamenti del sistema produttivo e all'influenza dell'economia occidentale. Il passaggio da un modello agricolo di sussistenza ad una produzione rivolta al mercato ed al guadagno, sta evidentemente mutando la struttura fisica dell'abitazione; sia nella forma che nei materiali. Il graduale allontanamento dall'agricoltura di sussistenza ha creato un numero crescente di nuclei familiari appartenenti alla classe dei contadini salariati senza terra, per i quali il lavoro e l'abitazione diventano totalmente separati.

L'effetto immediato si può osservare nell'immagine generale del villaggio, nel crescente numero di piccoli appezzamenti contenenti una sola abitazione e nessun altro edificio, rispetto all'articolata composizione delle costruzioni tradizionali all'interno del terreno recintato. I nuovi lotti nascono in parte come aggiunta nella periferia del villaggio, ma anche dalla suddivisione di appezzamenti esistenti, mutando l'aspetto fisico del villaggio attraverso l'introduzione di nuove proporzioni e l'aumento della densità.

La stessa abitazione è sottoposta a cambiamenti della sua struttura e del suo aspetto generale. La nuova struttura della famiglia si esprime in un'immagine di abitazione più semplice perché ospita meno persone. Nella casa abitata dai contadini senza terra lo spazio ombreggiato al di sotto del piano abitato, che è un elemento significativo della casa del contadino tradizionale, indispensabile per ospitare il bue o altri animali da cortile, raccogliere gli attrezzi e svolgere alcuni lavori, è stato eliminato, o è stato modificato e adattato all'uso abitativo. Molto spesso infatti, il piano aperto al di sotto dell'abitazione tradizionale, è stato chiuso lateralmente da pareti in muratura sottile o in legno, in alcuni casi addirittura da finestre in vetro, ed è stato pavimentato con piastrelle in ceramica colorata per essere sfruttato come zona giorno in cui accogliere gli ospiti o in alcuni casi come abitazione-negozio.

LA DEFORESTAZIONE: CONSEGUENZE ECONOMICHE E SOCIALI

Un altro grande cambiamento dell'architettura rurale tailandese si manifesta nell'uso di materiali nuovi, in sostituzione del tradizionale legno perfettamente sperimentato grazie a centinaia di anni di utilizzo, estremamente durevole e funzionale alle condizioni climatiche locali. Durante gli ultimi 20 anni in seguito al pesante sfruttamento delle foreste di teck da parte delle compagnie straniere multinazionali e delle società affiliate locali, il legno in generale e il teck in particolare è diventato un prodotto molto costoso.

Questo sfruttamento indiscriminato ha portato oggi alla nazionalizzazione e protezione di tutte le foreste nel tentativo di ristabilire le risorse forestali. Di conseguenza i contadini non hanno più il permesso di tagliare legname per le loro abitazioni [91] e i prezzi del legno locale sono cresciuti

---

[91] Alcune costruzioni dei villaggi del nord-est della Tailandia sono comunque ancora in legno, il quale proviene dai

esponenzialmente.

Una conseguenza a livello territoriale della deforestazione è la rottura dell'equilibrio naturale stabilitosi nel tempo tra le foreste e i campi coltivati. I boschi hanno da sempre costituito una risorsa naturale di cibo, di materia prima, uno spazio sacro, e una presenza naturale da cui dipendeva la stessa economia estensiva del riso. Alcune porzioni di foresta potevano essere bruciate per costituire nuovi campi le cui dimensioni si adattavano alle esigenze e alla struttura della famiglia quando i terreni a disposizione non erano più sufficienti, e le esigenze di legname come materia prima potevano essere soddisfatte dall'abbondanza della natura. La foresta giocava un ruolo importante nell'economia e nel modo di vita dei contadini, e gli stessi erano coscienti della loro dipendenza da questa, che rappresentava e rappresenta tuttora un elemento sacro, il perno del sistema di riti e di credenze tradizionali. Nella foresta si celebrano i funerali e gli altri riti comunitari, l'albero si relaziona in modo forte con la formazione dei villaggi e con la costruzione delle case, costituendo un elemento simbolico essenziale. La deforestazione incontrollata ha quindi prodotto una rottura degli equilibri naturali, e una frattura interiore fortissima.

L'attuale necessità di nazionalizzare le foreste e di proibirne il taglio ha reso impossibile per gli abitanti espandere i terreni coltivati in relazione alle necessità della famiglia, che al contrario è stata soddisfatta introducendo la coltivazione intensiva che fa uso di fertilizzanti. La frattura degli equilibri naturali porta quindi ad un cambiamento economico sostanziale che spinge molti abitanti dei villaggi, soprattutto le persone più giovani, ad abbandonare i villaggi ed a cercare lavoro nelle città.

La crescita del prezzo del legno e la sua limitata disponibilità ha favorito l'utilizzo di materiali da costruzione industriali e in molti casi importati, che sono spesso inadatti alle condizioni ambientali locali, sia funzionalmente che esteticamente.

---

terreni coltivati da proprietari locali che lo trasformano in materiale da costruzione. Per gli abitanti più poveri, che non hanno la possibilità di acquistare il legno da questi, fino a dieci anni fa il bambù costituiva l'unica alternativa poco costosa facilmente raggiungibile e utilizzabile. Oggi i nuovi materiali provenienti dai mercati occidentali (lamiera, cemento, vetro) o da produzioni locali (mattoni) rappresentano la possibilità più immediata e la strada più seguita.

IL PROGETTO

Le premesse

Le specifiche richieste della Committenza, per le quale la casa di cura dovrà accogliere esclusivamente pazienti che intendano seguire i metodi di cura naturali secondo i principi della Macrobiotica pianesiana ha orientato la progettazione verso le modalità di prevenzione, diagnosi e cura insegnate da Pianesi nella scuola "Un Punto Macrobiotico", degli orientamenti, disposizioni e fruibilità discendenti dall'applicazione della teoria dello yin e dello yang e della teoria delle 5 Trasformazioni e, parallelamente, particolare attenzione è stata posta alla tradizione costruttiva Thai, al recupero e alla valorizzazione delle valenze tradizionali rispetto all'organizzazione degli spazi, al loro significato simbolico, al senso della malattia e della cura, al fine di evidenziare ed estrapolare gli elementi simbolici e spaziali che potessero determinare la riconoscibilità della casa di cura quale elemento non avulso dal contesto culturale e sociale tailandese e specificatamente dell'area interessata.

Un terzo filone di interesse è più strettamente legato allo specifico del luogo, alle condizioni del contesto ambientale e sociale della vasta pianura alluvionale che caratterizza tutta l'area ad Ovest del tratto centrale del Mekong, nella quale i principali segni antropici sul territorio sono gli intrecci dei percorsi tra le risaie, costellate da piccoli tratti forestati e modesti villaggi che si installano in corrispondenza della ricca ed articolata rete fluviale.

Gli aspetti meta-progettuali riguardano gli specifici obiettivi del Ministero della Sanità, che individua quale programma prioritario del centro quello di costituirsi quale elemento centrale di un vasto sistema di interazioni che, dalla micro alla macroscala, dal locale al globale e viceversa, attraverso una serie di azioni congiunte ed interrelate possa comprendere:

- ◌ un centro di cura e sperimentazione Macrobiotica, dove possano attuarsi sistemi dinamici di cooperazione con università ed istituti di ricerca tailandesi ed internazionali;
- ◌ un centro di produzione agricola naturale che, oltre a garantire l'indispensabile approvvigionamento del Centro, possa identificarsi quale organismo per la certificazione dei prodotti e centro-scuola per le produzioni agricole naturali in tailandia, ivi comprese le attività di ricerca, moltiplicazione e conservazione di germoplasma autoctono tailandese;
- ◌ un centro di eccellenza per la produzione del riso tailandese, il quale, con identiche caratteristiche del precedente, possa elevarsi quale riferimento internazionale per la coltura del riso, costituendo la prima banca del seme tailandese;

Nell'organizzazione funzionale dell'area diventa inoltre prioritaria la progettazione di elementi di chiara riconoscibilità e fruibilità da parte della popolazione locale, con particolare riferimento a centri di aggregazione e di incentivazione alla produzione (qui identificabili come mercati locali ovvero come centri di produzione artigianale per mercati altri) che, sebbene identificati come esigenze primarie, sono assenti nell'attuale assetto territoriale.

Nella progettazione architettonica, i capisaldi principali evidenziati dalle richieste della

Committenza possono essere così riassunti:

Ↄ riconoscibilità (sia in termini simbolici che nel dettaglio delle architetture realizzate), del Centro come struttura emergente dalla cultura tailandese e, nel contempo, come struttura altamente innovativa, rispetto al contesto omogeneizzato che il panorama dell'architettura internazionale sta offrendo, in termini di concezione spaziale e tecnologica;

Ↄ naturalità dei materiali utilizzati, loro riutilizzabilità e del loro reinserimento nei cicli naturali e/o produttivi al momento della dismissione (valutando anche, in questo senso, opzioni di manutenzione programmata);

Ↄ equilibrio con l'ambiente naturale, utilizzo di tecnologie che implichino l'azzeramento o la riduzione dell'impiego di energia primaria in tutto il ciclo di vita dell'edificio (sistemi di recupero e di depurazione naturale delle acque, fitodepurazione, ventilazione naturale, esposizione, etc.), garantendo, contemporaneamente, la massima stabilità delle condizioni interne relativamente alla qualità dell'aria (in termini di composizione chimica, di caratteristiche fisiche e di percezione da parte degli utenti) con sistemi fisici e senza l'utilizzo di strumenti o opzioni che non garantiscano la completa naturalità e salubrità degli ambienti.

Il progetto

Il tema formale che caratterizza l'approccio progettuale al territorio è quello della spirale, forma originale naturale che diventa elemento simbolico nell'iconologia religiosa tailandese.

Per ciò che concerne l'organizzazione spaziale del luogo di cura, la simbologia da ricercare è quella del *tempio,* che, attraverso il *tolos,* il recinto sacro, distingue lo spazio caotico da quello cosmizzato ed armonizza, attraverso l'orientamento degli spazi rispetto alle direzioni cardinali, lo spazio umano con il cosmo.

I due temi si integrano, interagiscono simbolicamente e formalmente, caratterizzando l'immagine generale del progetto.

L'analisi territoriale ha evidenziato la presenza di alcuni segni forti, frutto di atti territorializzanti che hanno trasformato lo spazio e la natura, che, stratificandosi nel tempo, hanno determinato l'identità tipica ed irriducibile del luogo. Questi segni sono: il torrente, le risaie, il villaggio (Ban Yang Noi), la strada statale e le altre vie di comunicazione.

Analisi dei rapporti con il territorio e idee di progetto

In questo contesto risulta evidente l'estraniazione dell'area di progetto da sostanziali modificazioni del territorio, così come risultano marginali i rapporti dell'area con il paese e con il territorio.

L'intento progettuale riguardante l'intera area è quello di creare un sistema di relazioni tra questa e l'intorno, attribuendo all'area stessa un ruolo di riferimento nella ridefinizione delle dinamiche agricole, invertendo sull'attuale tendenza improntata a sistemi di sfruttamento del terreno.

Punto fondamentale di raccordo tra l'area di progetto, il villaggio e il territorio sarà, quindi, la costituzione di Centro d'eccellenza per il riso e per la ricerca sulle sementi e sui metodi di coltivazione, (che si traduce anche in centro informativo e didattico) con annessa fattoria, che sorgerà, nella zona più vicina al villaggio di Ban Yang Noi.

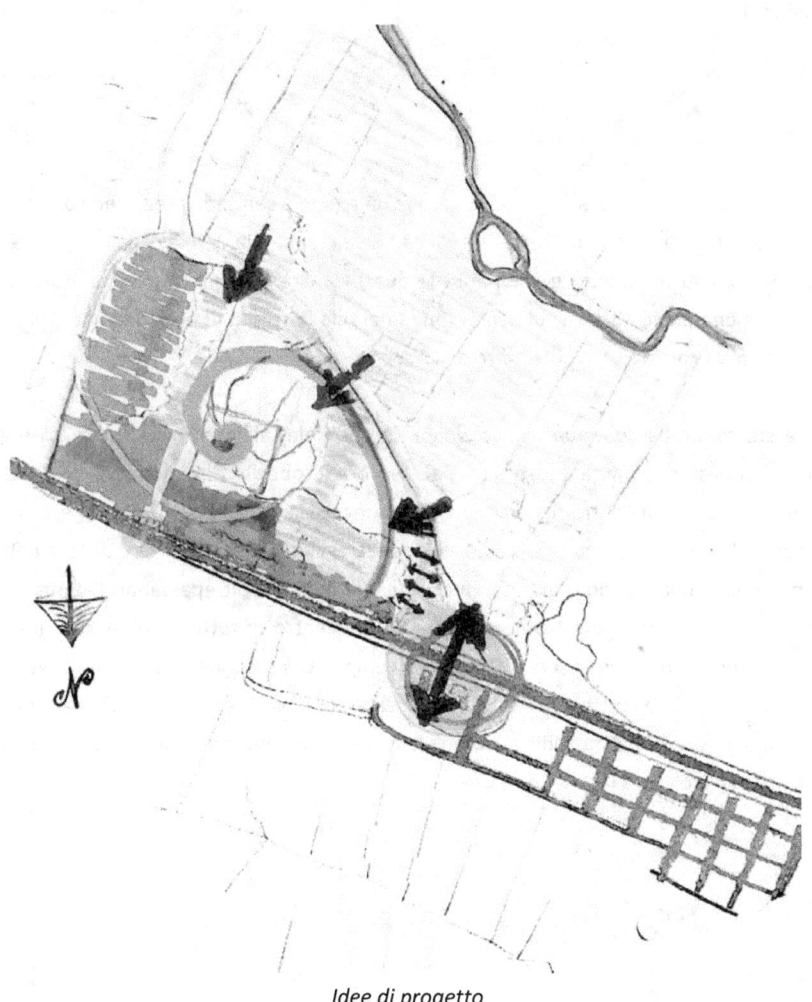

Idee di progetto

Il centro potrebbe trasformarsi in "un'isola elitaria e/o esclusiva"; per superare questo rischio si sono concepiti momenti ed altri spazi in cui l'interno dell'area comunicherà con l'esterno, creando cioè reti di relazioni che consentano alla nuova istituzione di essere compresa e fatta propria perché inserita nella tradizione di appartenenza. Emblematico in questo senso è il portico esterno, che è stato inserito sul lato est del recinto che va a delimitare il Centro di cura: tale portico non è altro che il mercato per la vendita di manufatti artigianali, sementi e ortaggi prodotti e coltivati anche nelle aree di pertinenza del Centro stesso. Alcune zone dell'area infatti saranno utilizzate a fini agricoli, con orti, frutteti, risaie, laghi per l'allevamento dei pesci, così come richiesto dalla committenza, la quale esige che il centro sia quanto più possibile autosufficiente negli approvvigionamenti e che, al contempo siano garantite le caratteristiche dei prodotti coltivati secondo le regole della macrobiotica.

Il diverso uso del suolo, dovrebbe generare un ulteriore elemento di relazione tra l'intervento previsto e la popolazione locale e ciò nell'idea che proprio quei terreni saranno coltivati dai contadini del luogo.

La spirale

All'interno dell'area progetto la viabilità, costituita da strade e sentieri, intendono costituirsi come elementi di antropizzazione di un certo rilievo: su questa ragnatela di percorsi si organizza l'intero progetto. Sono stati mantenuti e valorizzati la quasi totalità dei percorsi esistenti. A questi ne sono stati aggiunti pochi altri tra cui risulta fondamentale la strada di penetrazione dell'area, che porta direttamente all'ingresso del Centro di cura.

Da qui la stessa strada continua, con andamento a spirale, all'interno dell'area, costeggiando parte del lato est del limite (costituito dal percorso coperto del mercato) per poi girare esternamente attorno al Centro di cura, fino a raggiungere la fattoria e il Centro di eccellenza per il riso. Mentre la spirale si sviluppa e cresce, con essa si sviluppa e cresce anche tutta la natura.

Ma la spirale continua, simbolicamente, anche dentro il limite; oltrepassando l'ingresso, essa si avvolge alla ricerca di un ipotetico centro. Quello è il centro di tutto il complesso, il centro di quello spazio recintato che ha il suo archetipo nel tempio. La posizione dello spazio della cura non è stata scelta a caso, ma corrisponde al punto in cui molti percorsi esistenti nell'area confluiscono in una sorta di misteriosa attrazione verso quello che è il baricentro geometrico dell'area, nonché la zona a quota più elevata.

Percorso di penetrazione all'area dalla strada statale.

Il tema della spirale

Il tempio

Nella definizione dello spazio della cura, il tema predominante è quello del tempio. Il riferimento a questo modello architettonico deriva dalla grandissima considerazione che, fin dalle origini, il tempio ha rivestito nella cultura thai quale centro della comunità nonché luogo di spiritualità, raduno, protezione, istruzione, cura, etc. Il tempio rappresenta lo spazio della cura in senso tradizionale, il luogo in cui venivano studiate e diffuse le conoscenze mediche tradizionali (agopuntura, cura tramite cibi, erbe, infusi etc.), e dove sono nate anche le prime scuole di massaggi. Il riferimento al modello spaziale del tempio costituisce,quindi, un momento di continuità tra la concezione della cura Macrobiotica (e del suo spazio) e la medicina orientale tradizionale, come superamento della brusca discontinuità determinata dall'avvento della medicina occidentale e delle moderne strutture ospedaliere in cemento armato; ma è anche un momento di continuità in rapporto al territorio (come se venisse ad inserirsi nella fitta rete di templi) perché riconoscibile come spazio aperto, luogo di scambio e generatore di nuove conoscenze accessibili a tutti.

La ricerca semantica del termine *tempio*, si ricollega all'idea di confine, di recinto e di limite. La parola di origine greca *temenos*, indica << la sfera che delimita l'ambito del culto, separato dal mondo esterno tramite mura>>.[1] In senso simbolico queste mura rappresentano i limiti dell'universo, perché definiscono un microcosmo che è la rappresentazione sacra del mondo reale. Il limite rappresenta il concetto stesso di tempio e ne definisce la forma che, in quanto rappresentazione simbolica del mondo, è quadrata o rettangolare. Il quadrato, oltre a fungere da immagine del cosmo, esprime l'orientamento dell'uomo nello spazio e, quindi, introduce un principio di ordine[2] Il limite orienta il tempio secondo i quattro punti cardinali e ne individua immediatamente un centro.

Il limite

La scelta del tempio e in modo particolare del suo limite, nasce per due ragioni: una in riferimento alla tradizione e l'altra come risposta ad una precisa richiesta della committenza: vale a dire l'esigenza di recintare l'area del Centro di cura per motivi di sicurezza. Non si poteva però concepire una chiusura totale con il territorio circostante, in virtù del forte legame che i tailandesi hanno con lo stesso. Per questo motivo ed anche in sintonia con i principi dello Yin-Yang e della teoria delle 5 Trasformazioni (vedi introduzione pag. 7), il nostro recinto, pur mantenendo sempre la valenza di limite fisico, perde l'aspetto di muro invalicabile, che ha sul lato a nord, per diventare in vario modo, lungo gli altri lati e soprattutto a sud, punto di contatto tra interno ed esterno, tra

---

[1] H. Biedermann, Enciclopedia dei simboli, ed. Garzanti, 1991.

[2] Per il "primitivo" l'orientamento nello spazio "vale a dire, in ultima istanza, la divisione dello spazio in quattro orizzonti, equivaleva ad una fondazione del Mondo. Il conseguimento di un 'centro', attraverso l'incrociarsi di due linee diritte, e la proiezione di quattro orizzonti nelle quattro direzioni cardinali, rappresentava una vera e propria creazione del Mondo". M. Eliade, *Spezzare il tetto della casa*, pag.64

Centro di cura e il territorio, tra uomo e natura.

La stessa forma del recinto, rigida, ortogonale e simmetrica, espressione di un ordine legato all'uomo, alle sue aspirazioni, alle sue esigenze pratiche, spirituali, di comportamento, di orientamento, viene messa in discussione dall'ordine naturale, dal suo divenire totalmente asimmetrico. Il recinto si spezza in prossimità dell'ingresso e la parte sud ruota leggermente, ponendosi in direzione nord-est (direzione Isaan, favorevole per le popolazioni del nord-est della Tailandia). Questa rotazione rende meno rigido il limite e lo mette in "movimento", quasi trascinato dal vortice della spirale, nel divenire della natura.

Il tema del tempio

Mentre a nord il limite si concretizza in un muro di mattoni, pieno e continuo (a simboleggiare montagne, in riferimento alla cosmologia indiana e Khmer) che esprime robustezza, solidità e senso di protezione, di chiusura totale con il mondo esterno, con gli spiriti e le energie negative che provengono da quella direzione, ad ovest tale muro si sgretola, lascia alcune tracce di sé , simboli di quel limite fisico sostituito ora, nella medesima funzione , dal lago artificiale, creato come riserva d'acqua, che diventa limite naturale.

Ad est la relazione con l'esterno è più forte, sia perché parte del limite diventa portico che ospita il mercato (ma che è, anche, riparo e percorso coperto), sia perché ad est, che secondo la teoria delle 5 Trasformazioni rappresenta l'inizio dell'asse spaziale, c'è l'ingresso del Centro di cura, debitamente orientato verso il sorgere del sole, così come avviene nella maggior parte dei templi tailandesi.

Il senso di chiusura che si avverte a nord, tende a sparire sul lato sud (massima apertura e leggerezza secondo la teoria delle 5 Trasformazioni) e il limite diventa elemento unificante, di comunicazione, di relazione. Ciò è sottolineato dalla destinazione dei terreni ad orti (espressione del legame vitale dell'uomo con la natura e con il cibo). Tali orti sono previsti sia fuori che dentro il recinto, quasi a sottolineare la continuità tra le due realtà. Anche la porta, presente sul lato sud del recinto, simboleggia l'incontro tra dentro e fuori. Questa porta è in realtà un secondo ingresso al Centro e, in modo particolare, un ingresso di servizio al padiglione cucina-pranzo. E' posizionata sull'asse nord-sud , dove si incontrano due sentieri preesistenti e quindi saldamente legata al territorio. Mentre il limite è ruotato, attratto dalla spirale, la porta rimane chiaramente orientata ad indicare il sud, potendo, così, continuare ad essere un importante elemento di orientamento nello spazio del recinto, in tal modo non più simmetrico.

Il Centro di cura e i suoi edifici

Il recinto, così definito, racchiude lo spazio della cura, lo orienta e lo organizza, sia in funzione delle teorie macrobiotiche, sia della simbologia legata al tempio, sia delle esigenze pratiche legate al clima (sole, venti, precipitazioni).

L'ingresso diventa pietra miliare nell'opera di riassestamento dell'orientamento, nel passaggio dall'esterno indifferenziato, all'interno organizzato. La porta che lo rappresenta, orientata ad est (direzione favorevole per l'ingresso perché legata alla nascita del Buddha, quindi permette il fluire delle forze positive) definisce l'asse principale dell'intero complesso, quell'asse est-ovest che segna il corso del sole, ma anche l'inizio e la fine dello spazio e che, intersecando ortogonalmente l'asse nord-sud, individua il centro.

Il centro dello spazio della cura (che è il centro simbolico della spirale) secondo la teoria delle 5 Trasformazioni è legato all'elemento terra e porta in sè le attribuzioni che da essa ne derivano[3]. Nella cosmologia Indù dei templi Khmer il tempio è la rappresentazione della montagna sacra, il monte Meru, dimora della divinità è, quindi, espressione della dimensione verticale, del rapporto tra cielo e terra, dell'*axis mundi*.

---

[3] vedi Cap. *Teoria Macrobiotica*

Limite, orientamento, centralità in riferimento al tema del tempio

Nella proposta progettuale, il centro del progetto prende la forma di un basamento rettangolare in mattoni ed erba, che sale a gradoni come fosse il basamento di un *chedi* e che ospita otto alberi frondosi posizionati come i *bai sema* (pietre che delimitano simbolicamente gli spazi sacri all'interno del tempio)[4]. Nella parte più elevata di questo basamento sta il cuore dell'intero progetto: una vasca-risaia simboleggia l'unione tra terra e cielo, quell'unione che consente al riso di produrre il suo frutto: tale frutto è l'elemento centrale della cura macrobiotica, della cultura e dell'economia tailandese.

Questo basamento non ha solo una funzione simbolica ma diventa un importante elemento di regolazione del microclima, grazie al verde che lo ricopre. Inoltre caratterizza lo spazio centrale come luogo di aggregazione, di sosta, di riposo, di attesa grazie alle sedute ombreggiate che si sviluppano su tutti i lati a vari livelli.

---

[4] vedi Cap. *Struttura del tempio*

In base alla teoria 5 cinque Trasformazioni, il centro è legato all'elemento terra e rappresenta l'intermedio, lo spazio di scambio tra gli altri quattro elementi (acqua, legno, fuoco e metallo). Ad ognuno dei quattro elementi è assegnata una direzione nello spazio rispetto al centro (nord, est, sud e ovest). Rifacendoci alla teoria delle 5 Trasformazioni e riprendendo la disposizione a padiglioni distinti dell'architettura tailandese, l'organizzazione delle funzioni e degli spazi richiesti dalla committenza, avviene attraverso edifici a se stanti, disposti all'interno dello spazio verde in modo da aprirsi e interagire con questo. Ogni padiglione assume delle caratteristiche espressive ed architettoniche che si rifanno alle funzioni previste e alle attribuzioni dell'elemento a cui questo è associato, secondo la teoria delle 5 trasformazioni.

All'interno del recinto trovano posto:

- alloggi per i pazienti (tre strutture, ognuna delle quali contiene 4 camere doppie e 4 camere singole, con la previsione dello spazio per altre due strutture);

- ambulatori medici e per le terapie (visite, massaggi, agopuntura, etc.);

- struttura ricettiva, per l'accettazione e le pratiche amministrative;

- cucina, sala da pranzo, magazzino, spazio per corsi di cucina;

- spazio per attività collettive (conferenze, corsi di massaggio, etc.);

- spazio per la lettura e lo studio (piccola biblioteca).

I padiglioni si dispongono, attorno al centro, rispettando le direzioni cardinali, ma anche qui l'effetto dinamico della spirale si fa sentire, creando disassamenti, rotazioni e spostamenti.

Ad est del centro si trova il padiglione ricettivo che, in virtù della sua posizione e della sua funzione è associato all'elemento *legno*. L'ingresso rispetta l'orientamento richiesto dalla teoria delle 5 trasformazioni e riprende le caratteristiche dell'architettura sacra tailandese, i cui accessi sono sempre rivolti verso est. Il padiglione d'ingresso segna il passaggio fisico e simbolico all'interno dello spazio di cura: rappresenta il luogo, la soglia che conduce al cambiamento del proprio stile di vita, legato alla terapia macrobiotica e alla guarigione. Per questo motivo il padiglione ricettivo riprende più degli altri le caratteristiche dell'architettura tradizionale tailandese: si connette alla vegetazione esterna per ricreare un contatto significativo con la natura, che riconduce all'equilibrio della vita quotidiana. La sua posizione in relazione diretta, fisica e visiva, con l'ingresso al recinto, rende esplicita la sua funzione di primo riferimento per chi entra e, inoltre, costituisce un filtro posto tra centro ed ingresso: il centro si rivela solo dopo che si è superata la "reception". Un piccolo "saala" completamente aperto e immerso nel verde costituisce una primo momento di sosta pensato come punto di ristoro e tisaneria, che si affaccia visivamente verso il centro e permette di acquisire orientamento e familiarità con il luogo. Dall'ingresso si dipartono due percorsi differenti, uno principale che conduce verso lo spazio aperto centrale fulcro degli spostamenti verso i padiglioni del pranzo, della cura, delle conferenze e della biblioteca, uno più privato che permette di raggiungere la zona degli alloggi dei pazienti attraverso un percorso protetto dal verde.

Rispettando l'organizzazione degli spazi tailandesi, che dispongono a nord e a sud i padiglioni principali, allo stesso modo, gli edifici più importanti del Centro di cura sono orientati a nord e a sud rispetto al nucleo aperto centrale, e sono gli ambulatori medici e il padiglione pranzo-cucina.

A nord, immediatamente a ridosso del basamento centrale, si trova l'edificio destinato alla cura, costituito essenzialmente da pochi ambienti flessibili in cui sono praticate terapie tradizionali di massaggio, agopuntura e iridologia. Il padiglione medico riprende il tema del tempio per riallacciare il significato della cura alla tradizione tailandese ma, al contempo recupera il senso e l'immagine del villaggio e dell'abitazione. Lo spazio di cura è pensato come uno spazio di relazione tra medici e pazienti dove siano possibili momenti d'incontro e di dialogo. In quest'ottica gli uffici dei medici, degli infermieri e del direttore sono piccoli edifici separati, disposti attorno ad un nucleo centrale aperto e ombreggiato che funziona da "briefing point", da centro di incontro e comunicazione del personale.

Il padiglione medico è strutturato attorno ad un nucleo centrale chiuso, utilizzato per contenere i medicinali, attorno al quale ruota un ampio spazio destinato all'attesa dei pazienti; tale spazio ha grandi aperture studiate sia per ottimizzare la ventilazione naturale sia per metterlo in relazione con l'esterno.

A sud (elemento fuoco) si trova il padiglione cucina-pranzo: è l'edificio più importante del Centro in quanto è mediante il cibo che si curano prevalentemente gli ammalati, ed è sul cibo che si fonda la macrobiotica. L'imponenza della copertura di tale padiglione possiede anche il significato di rendere palese il momento di raduno comunitario che è il pasto. La progettazione di questo padiglione ha tenuto conto in modo particolare del fatto che, secondo la macrobiotica, il cibo dovrebbe seguire nelle diverse fasi, un percorso spiralico crescente (yang).

Quindi tutti gli spazi sono stati distribuiti secondo questa regola, così che è possibile individuare una simbolica spirale ascendente che segue tutte le fasi del cibo, dal magazzino al piano terra, fino alla sala pranzo.

A completare gli spazi, e quindi le funzioni che si dispongono attorno al basamento centrale, in asse con l'ingresso, il padiglione ricettivo e il centro, ad ovest si trova lo spazio conferenze. Questa architettura si svincola dalla linea guida di un costante riferimento simbolico e formale alla tradizione costruttiva thai. L'idea formale che lo genera deriva dal *Mondop*[5] spazio religioso che si trova spesso nei templi come santuario che ospita oggetti sacri.

Si tratta di un edificio a pianta quadrata, la cui apertura stretta e verticale sul lato est determina un'immagine esterna estremamente suggestiva.

Gli elementi costitutivi dell'edificio sono isolati ed enfatizzati: i pilastri appaiono come alberi recintati dalle pareti in bambù, il tetto, isolato da queste, sembra sospeso. Le aperture in generale e l'ingresso in particolare assumono dimensioni importanti. L'edificio che individua spazio interno e spazio esterno , sembra volere continuità tra i due elementi che si relazionano e interagiscono attraverso grandi aperture basculanti, che permettono inoltre di modulare luce ed aria all'interno del padiglione. E' un luogo di riunione che per il progetto in atto si propone come sala per conferenze. Due tipi di pavimentazioni caratterizzano questo edificio. Una in bambù leggermente rialzata, definisce lo spazio interno fino al perimetro dei pilastri che sorreggono la

---

[5] vedi Cap. *Struttura del tempio*

copertura. L'altra, in ciottoli, si pone come ulteriore elemento di unione tra dentro e fuori, in quanto definisce sia un deambulatorio di distribuzione interna tra pilastri e pareti, sia lo spazio esterno fino alla proiezione della linea di gronda.

Sia la pavimentazione che il tetto contribuiscono ad alimentare l'ambiguità interno-esterno. Le copertura ha grandi falde che aggettano abbondantemente dal volume dell'edificio, dando anche esternamente la sensazione di riparo.

Gli alloggi dei pazienti si posizionano a nord, che secondo la teoria delle 5 trasformazioni è la direzione favorevole al riposo e al recupero delle energie. La richiesta della committenza ha vincolato l'orientamento dei letti nella direzione nord-sud, con la testa rivolta verso nord, ed ha imposto la massima chiusura delle pareti nord delle camere, chiedendo esplicitamente che non vi fossero finestre. Gli alloggi sono il luogo più privato all'interno della clinica e ciò in analogia all'idea spaziale della casa tradizionale tailandese. Per questo motivo è collocata una recinzione esterna che vuole così chiaramente individuare e distinguere lo spazio semi-privato degli alloggi per conferirgli maggiore intimità, "privacy" e familiarità.

L'organizzazione degli alloggi recupera quella dell'abitazione tradizionale tailandese, nella quale attorno ad un nucleo aperto centrale, si collocano gli edifici delle camere distinti tra di essi da una struttura propria.

La vita quotidiana si svolge perlopiù all'aria aperta e per questo l'abitazione è concepita come un sistema fortemente interagente con lo spazio naturale esterno. Ogni camera, singola o doppia, è inserita attorno allo spazio aperto centrale, luogo di relazione tra i pazienti, in cui la presenza dell'albero assicura il riparo, l'ombreggiamento, il legame fisico con la natura e con il terreno (la teoria delle 5 trasformazioni associa il centro all'elemento terra[6]). Anche l'orientamento delle camere è dettato dalla medesima teoria così come i materiali ed i colori utilizzati associano ogni spazio ad uno dei 5 elementi: ogni elemento è collegato ad un particolare organo e, dedicato alla cura di un particolare tipo di malattia. La volontà di staccare gli alloggi da terra, come nelle abitazioni tradizionali tailandesi, deriva da esigenze pratiche (protezione da eventuali inondazioni), ma soprattutto dalla volontà di dare riconoscibilità e familiarità all'edificio. L'assetto spaziale delle camere recupera alcuni elementi delle abitazioni tailandesi: i passaggi di quota definiscono i limiti tra gli ambienti più pubblici (a quota più bassa), e quelli più privati (a quota più alta); i percorsi interni seguono sempre direzioni ad angolo retto e mai rettilinee (per evitare il passaggio degli spiriti[7]); i bagni sono leggermente separati dalle camere e posizionati ad ovest di queste[8]. A completare l'insieme degli edifici inseriti nel recinto vi sono la biblioteca ad ovest ed uno spazio di meditazione ad est.

---

[6] vedi Cap. *La Macrobiotica*

[7] vedi Cap. *Struttura dello spazio dell'abitazione tradizionale*

[8] La tradizione vuole che per non disturbare gli spiriti il bagno rimanga separato dagli altri ambienti della casa. Le radici di questa credenza sono legate alle influenze animiste e indù dalla cultura thai. La decisione di rispettare questa credenza porta a considerare il bagno come un volume a se stante, separato dalle camere, il che garantisce a queste una maggiore privacy e tranquillità. Ad ovest, secondo la cultura thai, molto spesso si posiziona il bagno, perché questo è tra gli ambienti della casa quello considerato meno sacro, quindi il più adatto a questa direzione, ritenuta quella dei morti e quindi sfavorevole.

Gli sviluppi operativi

La creazione del Centro è intesa per il territorio di Ubon Ratchatani come "incubatore" di attività che, rientrano in parte nel patrimonio della cultura tailandese ed orientale in genere, e al contempo cominciano a manifestarsi nelle realtà economico-sociale dei paesi industrializzati occidentali. In questo senso il Centro, vuole sperimentare le proprie potenzialità in loco per poi inserirsi nella rete internazionale già in atto e cio attraverso:

1) Centro di cura macrobiotico

Pensato per ospitare sperimentazioni e saggi clinici sull'efficacia della Macrobiotica nel trattamento di patologie così come già in atto in Paesi come l'Italia, Cuba, Tunisia, e Thailandia (presso l'ospedale di Trat). La struttura è stata progettata in modo da poter accogliere conferenze e convegni, per diventare centro di formazione, diffusione, di studi e ricerche in materia.

2) Fattoria di agricoltura pianesiana

La struttura denominata "Fattoria" è il luogo per ricerca e sperimentazione nell'agricoltura biologica e naturale secondo i principi individuati da Mario Pianesi, che non è altro che ricerca di varietà antiche autoctone tailandesi riguardo ai diversi tipi di cereali, verdure e legumi e ciò nell'intento di garantire la completa autereferenzialità anche economica del centro e la genuinità del prodotto. Nella fattoria si individueranno quei prodotti alimentari autoctoni tailandesi curativi da inserire in un rapporto "import/export" con altri Paesi in cui sono in atto progetti simili supportati dall'attività dell'Associazione Un Punto Macrobiotico.

3) Centro di ricerca del riso

Uno spazio particolare viene dedicato alla ricerca sul riso quale principale prodotto agricolo locale. La ricerca di semi antichi autoctoni tailandesi dovrebbe portare alla realizzazione di una banca del germoplasma che può aspirare a diventare riferimento mondiale. Nel contesto internazionale nel quale la riduzione della biodiversità sta diventando un allarme diffuso, perciò è essenziale la creazione di un centro di conservazione delle varietà antiche, loro riproduzione e moltiplicazione.

4) Possibili azioni di sviluppo compatibili

Molteplici sono gli elementi di sviluppo che tale operazione innesca a livello locale, la creazione di posti di lavoro nei diversi settori di impiego: la riattivazione di prodotti di artigianato locale che, rispettino la tradizione e la naturalità dei prodotti e ciò per la creazione di un marchio di certificazione unico sia per i prodotti agricoli che per quelli artigianali che rappresenta l'unica via corretta per la commercializzazione dei prodotti in ambito internazionale.

BIBLIOGRAFIA

C. Aasen, *Architecture of Siam, a cultural History Interpretation*, Oxford University press, Kuala Lumpur 1998

G.Baruch, *Climate Considerations in Building and urban design*, Van Nostrand Reinhold, London 1998

H. Biedermann, *Enciclopedia dei simboli*, Garzanti, Milano 1991

T. Burckardt, *Principes et Mèthodes de l'Art Sacré*, Paul Derain, Lyon 1976

M. Bussagli, *Architettura Orientale*, Electa, Milano 1981

S. Carpenter, *The Lao House*, in G. Izikowitz, P. Sorensen, *The House in East and Southeast Asia Anthropological and Architectural Aspects*, Scandinavian Institute of Asian Studies, 1979

C. Cavallaro, *Thailandia: pianificazione, economia e problemi di sviluppo*, Sagep Editrice, Genova 1993

Centro di Cultura di Ubong Ratchatani (a cura di), *Cultura del popolo dell'Isaan,* traduzione dal tailandese a cura di Tepin

Centro Studi Eranos (a cura di) *I Ching, il libro della versatilità*, RED Edizioni, Como 1996

P. Clement, *The spatial organization of the Lao House* in G. Izikowitz, P. Sorensen, *The House in East and Southeast Asia Anthropological and Architectural Aspects*, Scandinavian Institute of Asian Studies, 1979

G. Coedès, *The Indianized States of Southeast Asia*, East-West Center Press, Honolulu 1968

B. Dagens, *Angkor la foresta di pietra*, Universale Electa/Gallimard, Trieste,1995

G. Ehouman, *Il mio incontro con Mario Pianesi*, Ambasciata della Costa d'Avorio presso il Quirinale, Macerata 2001

M. Eliade, *Trattato di storia delle religioni,* Bollati Boringhieri, Milano 1976

W. Hilgemann, *Geografia e storia nel mondo: Sud est asiatico*, Laterza, Roma 1979

M. C. Li, *Architettura cinese, il trattato di Li Chieh*, a cura di F. Bertan e G. Foccardi, Utet, Torino 1998

P. Marazzi, *Popoli nel mondo : Sud-est asiatico*, Istituto Geografico De Agostini, Novara 1981

E. Moore, *Ancient Capitals of Thailand*, Thames and Hudson, London 1996

M. H. Mouhot, *Travels in the Central Parts of Indo-China, Cambodia and Laos During the years 1858, 1859, 1860*, White Lotus Co., Bankog 1986

N. Muramoto, *Il medico di se stesso*, Feltrinelli, Milano 1975

Nazioni Unite - Department of international economic and social affairs, *Integrating Development and population planning in Thailand*, United Nations, New York 1991

J. Needham, *Science and Civilization in China*, vol.2, Cambridge University Press, Cambridge 1956

C. Norberg-Schulz, *L'abitare. L'insediamento, lo spazio urbano, la casa*, Electa, Milano 1995

G. Ohsawa, *L'Ère Atomique et la Philosophie d'Extrême-Orient*, Ed. Vrin, Paris 1962

M. Pianesi, *Un invito alla Macrobiotica*, Ed. L'Chi, Macerata 1999

M. Pianesi, *Un Manuale di Alimentazione*, Ed. L'Chi, Macerata 2003

M. Pianesi, *5° Convegno Macrobiotica e Scienza*, Chi Ni, Macerata 2000

M. Pirazzoli-t' Serstevens, *China*, Taschen, Lausanne 1881

P. Portoghesi, *Natura e architettura*, Skira editore, Milano 1999

F. Ratti (a cura di), *Thailandia, Le guide Mondatori*, , Arnoldo Mondatori, Verona 1997

L. Rishoj Pedersen, *The influence of the spirit world*, in G. Izikowitz, P. Sorensen, *The House in East and Southeast Asia Anthropological and Architectural Aspects*, Scandinavian Institute of Asian Studies, 1979

T. Rutherford, *Thailandia*, Insight Guides Il sole 24 ore, Insight Print Service, Singapore 2001

A. Snodgrass, *The Symbolism of the Stupa*, Studies on Sud-Est Asia, Cornell University NY 1985

H. Thic Nhat, *Vita di Siddharta il Buddha: narrata e ricostruita in base ai testi canonici pali e cinesi*, Ubaldini, Roma 1992

Touring Club Italiano (a cura di), *Thailandia*, Editoriale Libraria, Trieste 1993

A. Turco, *Verso una teoria geografica della complessità*, Unicopli, Milano 1988

R. Wilhelm (a cura di), *I Ching or Book of Changes*, Routledge e Kegan Paul, London, tr. it. *I King*, Astrolabio, Roma 1948

Edizioni Lulu.com - 2009

www.ingramcontent.com/pod-product-compliance
Lightning Source LLC
Chambersburg PA
CBHW081128170526
45165CB00008B/2598